建设行业专业技术人员继续教育培训教材

广厦建筑结构 CAD 系统

建设部人事教育司
建设部科学技术司
建设部科技发展促进中心

中国建筑工业出版社

图书在版编目（CIP）数据

广厦建筑结构 CAD 系统/建设部人事教育司　建设部科学技术司　建设部科技发展促进中心.—北京：中国建筑工业出版社，2004

建设行业专业技术人员继续教育培训教材

ISBN 978-7-112-06235-5

Ⅰ. 广… Ⅱ. ①建… ②建… ③建… Ⅲ. 建筑结构—计算机辅助设计—技术培训—教材　Ⅳ. TU311.41

中国版本图书馆 CIP 数据核字（2003）第 112925 号

本教材由 4 部分组成：结构 CAD 基本原理、操作教程、工程实例输入要点和设计教程，系统地介绍了广厦建筑结构 CAD 的基本原理、操作要点和参数设置等内容，通过结构设计理论和结构 CAD 两方面使工程师熟悉从结构建模、计算、施工图生成和基础设计整个结构设计过程。

本教材由吴文勇和焦柯主持编写。

* * *

责任编辑　俞辉群
责任设计　崔兰萍
责任校对　张　虹

建设行业专业技术人员继续教育培训教材
广厦建筑结构 CAD 系统
建设部人事教育司
建设部科学技术司
建设部科技发展促进中心

*

中国建筑工业出版社出版、发行（北京西郊百万庄）
各地新华书店、建筑书店经销
北京圣夫亚美印刷有限公司印刷

*

开本：787×1092 毫米　1/16　印张：9½　字数：230 千字
2004 年 2 月第一版　　2014 年 1 月第三次印刷
定价：**16.00** 元
ISBN 978-7-112-06235-5
（12249）

版权所有　翻印必究
如有印装质量问题，可寄本社退换
（邮政编码　100037）

《建设部第二批新技术、新成果、新规范培训教材》编委会

主　任	李秉仁	赖　明		
副主任	陈宜明	张庆风	杨忠诚	
委　员	陶建明	何任飞	任　民	毕既华

专家委员会

郝　力	刘　行	方天培	林海燕	陈福广
徐　伟	张承起	蔡益燕	顾万黎	张玉川
高立新	章林伟	阎雷光	孙庆祥	石玉梅
韩立群	金鸿祥	赵基达	周长安	郑念中
丁绍祥	邵卓民	聂梅生	肖绍雍	杭世珺
宋序彤	王真杰	徐文龙	施　阳	徐振渠

《广厦建筑结构CAD系统》编写人员名单

主　　编	吴文勇
副主编	焦　柯
总策划	张庆风　何任飞
策　　划	任　民　毕既华
责任编辑	俞辉群

序

科技成果推广应用是推动科学技术进入国民经济建设主战场的重要环节，也是技术创新的根本目的。专业技术培训是加速科技成果转化为先进生产力的重要途径。为贯彻落实党中央提出的："我们必须抓住机遇，正确驾驭新科技革命的趋势，全面实施科教兴国的战略方针，大力推动科技进步，加强科技创新，加强科技成果向现实生产力转化，掌握科技发展的主动权，在更高的水平上实现技术跨越"的指示精神，受建设部人事教育司和科学技术司的委托，建设部科技发展促进中心负责组织了第一批新技术、新成果、新规范培训科目教材的编写工作。该项工作得到了有关部门和专家的大力支持，对于引导专业技术人员继续教育工作的开展、推动科技进步、促进建设科技事业的发展起到了很好的作用，受到了各级管理部门的欢迎。2002年我中心又接受了第二批新技术、新成果、新规范培训教材的编写任务。

本次建设部科技发展促进中心在组织编写新技术教材工作时，着重从近几年《建设科技成果推广项目汇编》中选择出一批先进、成熟、实用，符合国家、行业发展方向，有广阔应用前景的项目，并组织技术依托单位负责编写。该项工作得到很多大专院校、科研院所和生产企业的高度重视，有些成立了专门的教材编写小组。经过一年多的努力，绝大部分已交稿，完成了近300余万字编写任务，即将陆续出版发行。希望这项工作能继续对行业的技术发展和专业人员素质的提高起到积极的促进作用，为新技术的推广做出积极贡献。

在《新技术、新成果、新规范培训科目目录》的编写过程中以及已完成教材的内容审查过程中，得到了业内专家们的大力支持，谨在此表示诚挚的谢意！

建设部科技发展促进中心
《建设部第二批新技术、新成果、新规范培训教材》编委会
二〇〇三年九月十六日

目 录

第1章 广厦建筑结构CAD系统基本原理 1
  1.1 广厦建筑结构CAD系统的组成 1
  1.2 三种计算模型比较 2
  1.3 广厦多高层空间分析程序SS 3
  1.4 广厦多高层建筑三维（墙元）分析程序SSW 4
  1.5 广厦砖混结构计算 5
  1.6 墙、柱双向偏压验算 10
  1.7 梁、板的裂缝和挠度验算 11
  1.8 荷载的输入和传递 15
  1.9 楼板次梁的计算 16

第2章 广厦建筑结构CAD起步 21
  2.1 广厦建筑结构CAD安装步骤 21
  2.2 广厦建筑结构CAD回收 21
  2.3 广厦建筑结构CAD升级 21
  2.4 广厦建筑结构CAD学习版 21
  2.5 如何学习广厦建筑结构CAD8.5 22
  2.6 答疑联系地址 22
  2.7 通过E-mail发送工程数据 23
  2.8 广厦建筑结构CAD主菜单和设计流程 23

第3章 广厦建筑结构录入教程 25
  3.1 输入工程信息 25
    3.1.1 进入结构录入 25
    3.1.2 总体信息 25
    3.1.3 各层信息 25
  3.2 建立轴网和轴网线 26
    3.2.1 轴网间距的输入原则 27
    3.2.2 正交轴网 28
    3.2.3 斜交轴网 28
    3.2.4 圆弧轴网 29
    3.2.5 插入轴网线 29
    3.2.6 移动轴网线 29
    3.2.7 检查轴网间距输入的正确性 30
    3.2.8 任意两点间输入辅助直线 30

3.2.9	根据离直线端点距离复制辅助线	30
3.2.10	平行复制辅助线	30
3.2.11	延伸复制辅助线	31
3.2.12	旋转复制辅助线	31
3.2.13	输入一点到某条直线的垂线	31

3.3 输入墙柱 31

3.3.1	矩形柱	31
3.3.2	圆柱	31
3.3.3	钢管柱	32
3.3.4	异形柱	32
3.3.5	剪力墙	32
3.3.6	墙柱的偏心	34
3.3.7	同一标准层内墙柱截面可变化	35
3.3.8	剪力墙端柱	35
3.3.9	关于异形柱进入 SS、SSW 和 TBSA 结构分析	35
3.3.10	广东异形柱设计规程的一些要求	35
3.3.11	指定墙柱特定的抗震等级	35

3.4 输入主梁和次梁 35

3.4.1	区分主梁和次梁	35
3.4.2	沿轴网线建主梁	36
3.4.3	圆弧主梁	37
3.4.4	任意两点间建主梁	37
3.4.5	悬臂梁	38
3.4.6	封口次梁	38
3.4.7	次梁	38
3.4.8	复杂阳台有关的梁	38
3.4.9	井字梁	40
3.4.10	梁上托墙柱	40
3.4.11	梯梁	40
3.4.12	指定梁特定的抗震等级	41
3.4.13	指定框支梁地震作用放大系数	41

3.5 布置现浇板 41

3.5.1	自动布置现浇板	41
3.5.2	封闭区域形不成板的处理	41
3.5.3	修改板厚和标高	41
3.5.4	修改方案后重新布置现浇板	42
3.5.5	电梯间、楼梯间	43
3.5.6	飘板	43

3.6 输入荷载 44

3.6.1	板荷载	44
3.6.2	梁荷载	44
3.6.3	剪力墙柱荷载	44
3.7	平面对称和平移旋转复制	45
3.8	数据检查	45
3.9	层与层之间的复制	45
3.10	输入砖混结构	46
3.10.1	沿轴线建砖墙	46
3.10.2	砖墙偏心	46
3.10.3	圈梁	46
3.10.4	构造柱	46
3.10.5	选柱材料	47
3.10.6	砖墙洞	47
3.10.7	砖墙荷载	47
3.10.8	纯砖混结构平面中的梁	47
3.10.9	纯砖混结构平面中的悬臂梁	47
3.10.10	输入预制板	48
3.11	生成结构计算数据	50
3.11.1	生成砖混数据	50
3.11.2	生成 SS 结构计算数据	50
3.11.3	生成 TBSA 结构计算数据	50
3.11.4	生成 SSW 结构计算数据	50
3.11.5	生成广厦基础 CAD 数据	50
3.12	寻找某编号的剪力墙柱、梁板和砖墙	50
3.13	打印简图	50
3.13.1	控制字符大小	51
3.13.2	墙柱、梁板编号	51
3.13.3	剪力墙柱、梁板和砖墙尺寸	51
3.13.4	板荷载	51
3.13.5	梁荷载	52
3.13.6	墙柱荷载	52
3.13.7	墙柱材料	52
3.13.8	打印机直接打印	52
3.13.9	打印总体信息	52
3.14	功能键	52
3.14.1	W-切换窗选	52
3.14.2	C-切换捕捉	52
3.14.3	Undo 恢复	53
3.14.4	Redo 前进操作	53

3.14.5	其他热键	53
3.15	使用技巧	53
3.15.1	利用距离次梁功能测梁长或墙肢长	53
3.15.2	删柱后重新建柱不需要删梁	53
3.15.3	利用连梁开洞功能输入小墙肢	53
3.15.4	Autocad 与广厦的接口	53

第 4 章 广厦楼板、次梁和砖混计算教程 54

- 4.1 进入楼板、次梁和砖混计算 54
- 4.2 抗震验算 54
- 4.3 受压验算 55
- 4.4 砖墙轴力设计值 55
- 4.5 砖墙剪力设计值 55
- 4.6 底框计算考虑砖混水平力 55
- 4.7 修改板边界条件 55
- 4.8 指定屋面板 55
- 4.9 计算连续板 56
- 4.10 增大板底筋和次梁支座调幅 56

第 5 章 广厦结构计算 SS 教程 57

- 5.1 计算剪力墙柱和主梁的内力和配筋 57
- 5.2 计算出错原因 57
- 5.3 SS 的解题能力 57
- 5.4 外荷载 58
- 5.5 内力组合和配筋 58
- 5.6 SS 计算结果总信息 58
- 5.7 每层柱（墙）的组合内力 59
- 5.8 超筋信息 59
- 5.9 出错信息 59

第 6 章 广厦结构计算 SSW 教程 60

- 6.1 计算剪力墙柱和主梁的内力和配筋 60
- 6.2 计算出错原因 60
- 6.3 SSW 的解题能力 60
- 6.4 内力组合和配筋 61
- 6.5 SSW 计算结果总信息 61
- 6.6 每层柱（墙）的组合内力 61
- 6.7 超筋信息 61

第 7 章 广厦计算结果显示教程 62

- 7.1 进入计算结果显示 62
- 7.2 打开楼面图 62
- 7.3 图形的移动和缩放 62

7.4	显示楼板配筋	63
7.5	显示楼板弯矩	63
7.6	显示柱配筋	63
7.7	显示柱内力	64
7.8	显示梁配筋	64
7.9	显示梁内力	64
7.10	显示砖墙计算结果	65
7.11	显示构件编号	66
7.12	显示荷载	66
7.13	字高缩放	67
7.14	超限信息	67
7.15	寻找某编号的剪力墙柱、梁板和砖墙	67
7.16	打开振型图	67
7.17	选择各种振型图	68
7.18	设置振型图横向比例	68
7.19	打开立面图	68
7.20	选定立面图显示范围	69
7.21	关于打印	69
7.22	关于转换为AUTOCAD图形	70

第8章 广厦配筋系统教程 71

8.1	进入配筋系统	71
8.2	梁选筋控制	71
8.3	板选筋控制	72
8.4	柱选筋控制	73
8.5	剪力墙选筋控制	73
8.6	设置结构层和建筑层号的对应	74
8.7	设置第一标准层为地梁层	74
8.8	生成结构施工图	74
8.9	警告信息	75

第9章 广厦结构施工图教程 76

9.1	进入施工图	76
9.2	生成整个工程的DWG	76
9.3	调入建筑二层平面	76
9.4	打开平面施工图	76
9.5	施工图的移动和缩放	77
9.6	施工图字高	77
9.7	板钢筋和配筋图	77
	9.7.1 归并板	77
	9.7.2 处理板施工图上字符重叠	77

9.7.3	修改板钢筋	77
9.8	**梁柱表**	**78**
9.8.1	归并柱	78
9.8.2	归并梁	78
9.9	**03G101 梁柱平法施工图**	**78**
9.9.1	显示梁柱平法施工图	78
9.9.2	柱表和柱截面标注	78
9.9.3	梁钢筋平法表示	79
9.10	**剪力墙施工图**	**80**
9.10.1	在配筋系统中	80
9.10.2	在施工图系统中	80
9.11	**打印计算结果**	**80**
9.11.1	板计算结果	80
9.11.2	剪力墙柱计算结果	80
9.11.3	梁计算结果	81
9.12	**修改梁板钢筋后自动重算挠度裂缝**	**81**
9.13	**梁柱表表头，梁柱平法表头和楼梯表头**	**81**
9.14	**一、二、三级和冷轧带肋钢筋符号**	**81**
9.15	**编辑轴线**	**81**

第 10 章 广厦扩展基础和桩基础 CAD 教程 82

10.1	**进入扩展基础和桩基础 CAD**	**82**
10.2	**读取墙柱底内力**	**82**
10.3	**基础平面施工图的移动和缩放**	**83**
10.4	**扩展基础**	**83**
10.4.1	总体信息	83
10.4.2	布置和计算扩展基础	83
10.4.3	修改扩展基础长宽比	83
10.4.4	归并扩展基础	83
10.4.5	修改扩展基础	83
10.4.6	扩展基础表头	83
10.5	**桩基础**	**83**
10.5.1	总体信息	83
10.5.2	桩径和单桩承载力	83
10.5.3	布置和计算桩基础	83
10.5.4	归并桩基础	84
10.5.5	修改桩基础	84
10.6	**生成基础计算结果文件**	**84**
10.7	**基础平面图轴线**	**84**
10.8	**标注基础尺寸**	**84**

10.9 地梁表示在基础平面图中 ································· 84
10.10 基础施工图生成 DWG 文件 ································· 84

第 11 章 广厦条形基础和筏板基础 CAD 教程 ································· 86
11.1 进入条形基础和筏板基础 CAD ································· 86
11.2 读取墙柱底内力 ································· 86
11.3 条形基础 ································· 87
   11.3.1 总体信息 ································· 87
   11.3.2 布置地梁 ································· 87
   11.3.3 布置梁荷载 ································· 87
   11.3.4 计算地梁 ································· 87
   11.3.5 输出地梁计算结果 ································· 87
   11.3.6 地梁施工图处理 ································· 88
11.4 筏板基础 ································· 88
   11.4.1 总体信息 ································· 88
   11.4.2 确定边界 ································· 88
   11.4.3 划分计算单元 ································· 88
   11.4.4 计算筏板 ································· 88
   11.4.5 输出筏板计算结果 ································· 88
   11.4.6 输出荷载中心和筏板重心 ································· 89
   11.4.7 分块平板式筏基的计算 ································· 89
   11.4.8 梁式筏基的计算 ································· 89

第 12 章 工程实例的输入要点 ································· 90
12.1 框架结构实例输入要点 ································· 90
12.2 砖混结构实例输入要点 ································· 93
12.3 混合结构实例输入要点 ································· 98
12.4 剪力墙结构输入要点 ································· 100

第 13 章 设计教程 ································· 101
13.1 纯砖混、底框和混合结构设计 ································· 101
   13.1.1 砖混总体信息的合理选取 ································· 101
   13.1.2 计算模型的合理简化 ································· 104
   13.1.3 计算结果的正确判断 ································· 105
13.2 SS 设计 ································· 106
   13.2.1 SS 总体信息的合理选取 ································· 106
   13.2.2 计算模型的合理简化 ································· 110
   13.2.3 查询 SS 有关计算结果 ································· 113
13.3 SSW 设计 ································· 113
   13.3.1 SSW 总体信息的合理选取 ································· 113
   13.3.2 计算模型的合理简化 ································· 118
   13.3.3 查询 SSW 有关计算结果 ································· 118

13.4 SS 和 SSW 计算结果的正确判断 ……………………………………	119
13.5 各层信息的合理选取 …………………………………………………	122
13.6 选筋原理 ……………………………………………………………	122
附录 录入系统数据检查错误信息表 ………………………………………	134

第1章 广厦建筑结构 CAD 系统基本原理

1.1 广厦建筑结构 CAD 系统的组成

广厦建筑结构 CAD 系统（以下称广厦建筑结构 CAD）主要由以下几部分组成（见图 1-1），中间与多个结构分析软件有接口。

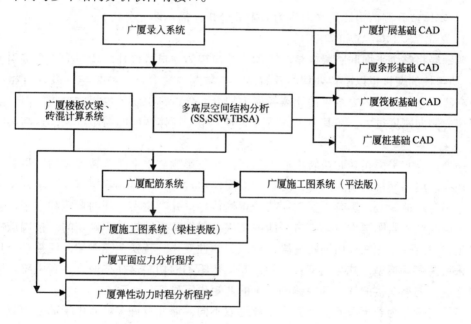

图 1-1 广厦系统各模块联系框图

1. 广厦录入系统主要功能：图形交互输入结构平面的几何、荷载信息，并进行数据检查、导荷载、与结构分析软件的接口数据转换以及几何和荷载的简图打印。

2. 广厦楼板次梁砖混计算主要功能：自动计算规则和不规则楼板的内力和配筋；按用户指定方向计算连续板带；计算不进入结构分析程序的次梁的内力和配筋，砖混部分进行抗震验算和受压验算。

3. 广厦配筋系统主要功能：通过自动读取结构分析的计算结果和楼板、次梁的计算结果，调用专家库，按规范要求，进行楼板、主梁、次梁、矩形柱、圆柱、异形柱、剪力墙的配筋，进而自动形成施工图、定位图、梁表、柱表、梁柱平面表示、模板图等图表。对超筋或截面不合理的构件进行警告。

4. 广厦施工图系统主要功能：可对施工图、定位图、梁表、柱表进行多窗口交互编辑

(包括图元和文字的移动、修改、填加、删除等)和图表输出。可对板、梁、柱、墙进行归并。图表输出可选择直接输出到外设和 AutoCAD 输出(生成 .DWG 文件)两种方式。

5. 广厦多高层空间分析程序 SS：采用空间薄臂杆系计算模型。

6. 广厦多高层建筑三维（墙元）分析程序 SSW：采用空间墙元杆系计算模型。

7. 广厦基础 CAD 系统：扩展和桩基础计算和出图，弹性地基梁和筏基计算。

8. 广厦平面应力分析和弹性动力时程分析程序

1.2　三种计算模型比较

当前结构分析软件对剪力墙采用的计算模型主要有 3 类，其代表性的计算软件有：

1. 薄壁墙：TBSA、TAT、广厦 SS
2. 墙元：ETABS、TUS、广厦 SSW
(对实体或开洞剪力墙用平面应力有限元分析，简称墙元分析)
3. 壳元：SAP84、SATWE

薄壁墙将整个平面联肢墙或整个空间剪力筒视为一根薄壁柱，墙与梁的交接引入"刚臂"，墙与柱的交接也以刚臂处理两者的偏心。薄壁墙模型是一种易与杆系分析相衔接的惯用方法，直接得出内力结果而无需经应力积分，分析自由度数也相对少些。但一般认为薄壁墙的侧向刚度过大，尤其有大的剪力筒时，整个筒体两向的惯矩过大，这与实际有出入。

另外，当水平面扭转时扭转中心不确切，此将影响与水平面扭转有关的结果。

还有，墙梁交接时引入刚臂，对梁的嵌固作用过大，使梁端弯矩偏大；墙柱交接时也提供了不合理的偏心，影响了竖向荷载的正确传导，并产生不合理的弯矩和水平位移。即使是平面墙肢，当刚臂大时，与之平面内交接的梁端弯矩结果是不确切的，按墙肢中轴线计算出的负弯矩，在墙体内即刚臂段，弯矩为线性变化，转换至纯梁端，使梁端出现正弯矩。采用薄壁墙模型，凡与墙交接的梁，其端弯矩不确切，这往往使设计者困惑。同样因刚臂之故，与墙交接的柱，其因偏心产生的弯矩也不确切。

墙元将墙分为若干单元。因其形函数选取不同，墙元有许多种。由于墙元节点一般不足 6 个自由度，在处理它与平面内外杆件交接时，墙元通常要作"镶边"处理，即在左右或上下边引入用于转换的柱和梁。墙元分析在墙体内应力合理地呈曲线变化，能得到较为确切的结果。

采用平面应力分析，墙体内无论竖向还是水平向，其应力变化都是曲线，此将使与墙交接的梁和柱获得较为精确的弯矩结果，这是墙元分析逐渐取代薄壁墙分析的一个重要原因。墙元模型要处理与平面内、外梁柱的交接，一般是加镶边辅助柱、梁用于刚度转换。为处理与梁的平面外交接，转换柱取略大于梁宽范围的截面刚度即可，实际上，墙对梁的嵌固作用也仅在这范围有效。

壳元是平面应力元与板元的叠加。传统的壳元只有 5 个自由度，没有法向转角，因而它与平面内的梁连接是铰接的。有些软件选用的壳元是改进的 6 自由度壳元。壳元是膜元加板元，起主要作用的是膜元。板元作用在于处理墙元的平面外交接，不需如膜元模型那样要引入转换杆件，这是壳元模型的有利之处。

由于壳元提供了墙元的平面外刚度，必然产生单元的平面外剪力，此剪力不作为需要的结果，但却减少了柱的剪力分配，甚至于减少了本应主要承受某向剪力的其他墙的剪力分配。壳元的平面外弯曲刚度也会使法向交接梁端弯矩偏大，壳元本身的平面外弯矩同样也不作为需要的结果。

需要指出的是，就剪力墙的计算和设计而言，着重在其平面内的分析，即使对剪力筒或空间剪力墙，规范也是按墙肢平面考虑。

1.3 广厦多高层空间分析程序 SS

1.3.1 主要功能

1. SS可用于多层、高层建筑物的三维结构分析。
2. 结构形式包括框架、剪力墙、框架剪力墙等。
3. 杆件的截面可为矩形、梯形、L形、十形、圆形、工形等，墙体的截面可任意形状。
4. 荷载包括竖直荷载（恒载和活载）和水平荷载（水平面任定的两主轴方向的风荷载和地震作用）。
5. 考虑弯曲变形，并可考虑轴向变形、扭转变形和剪切变形。
6. 自重、楼层重和重心均由程序计算，偏心、刚域、刚臂、转杆等结构要求均由程序自动处理。
7. 考虑模拟施工。

1.3.2 基本原理

1. 用空间杆系有限元进行分析，剪力墙按开口薄壁杆件考虑。
2. 每一节点7个位移自由度，即3个线位移 u、v、w，3个角位移 θ_x、θ_y、θ_z、一个翘曲角 θ'_z。按刚性楼板假定，各层楼板平面有4个公共自由度 u、v、θ_z、θ'_z。
3. 薄壁杆件截面为刚性，截面在扭转后产生翘曲而不保持平面，但其在截面平面的投影保持不变。忽略薄壁杆件的剪切变形。
4. 梁端或柱端与薄壁杆交接时，按点至薄壁杆剪心连线取成刚臂，刚臂刚度为无穷大，长度由程序自动计算。
5. 柱端可有刚域或柱偏心，均以刚度为无穷大的刚性杆描述。
6. 上下层柱（墙）交接于节点 K，有如下几种情况。

(1) 柱接柱，上下柱交接于节点 K，若有柱偏心，则 K 是下柱的形心位置。

(2) 墙接柱，上层柱交接下层墙于墙型节点 K 的某个内节点 I，墙可与多根柱相接。

(3) 柱接墙，下层柱交接上层墙于墙型节点 K 的某个内节点 I，墙可与多根柱相接。

(4) 墙接墙，上下墙交接于墙型节点 K，若有偏心，即上下墙截面的剪心不重合，则 K 是下墙的剪心位置，且该点坐标由下墙截面确定。墙偏心由程序自动计算。

7. 内力组合及配筋

(1) 梁仅考虑竖面的组合，并按受弯构件单排配筋。将梁长分成6等分，分别组合出梁两端和跨间5个截面的正、负包络图值并求出对应的配筋面积。同时求出相应截面的剪力值及箍筋面积。对于扭矩 T，求出梁两端及跨间的受扭箍筋及水平分布筋的面积。

(2) 柱按两个正交竖面的下、上端进行组合,按压弯构件单向配筋,将组合的内力分别计算钢筋面积,并取最大值。同时求出 V_{max} 及对应的箍筋面积 A_{sv}(其间距 $S=1m$)。

(3) 墙体也是按两个竖面的下、上端进行内力组合。组合出的各组内力,由这些组合的内力分别求出组合墙体中各直墙段的 N、M、V,然后计算出各暗柱区的最大主筋面积及各墙段的分布筋面积。

　　a. 直墙段的划分。

　　b. 暗柱区。

暗柱区一般取墙厚度的 1.5 倍范围,不同墙厚相交的暗柱区不应小于重叠区域;当 $h/t<6$ 时,暗柱区取墙厚度的 1 倍范围;当 $h/t<4$ 时,则不设暗柱区,该墙段作为柱处理。

　　c. 配筋中的问题。

直墙段之间端部与端部相交时,将相交的两端部的钢筋面积相加,作为相交处暗柱区的钢筋面积。

　　d. 配筋后的双向弯曲验算。

1.4　广厦多高层建筑三维(墙元)分析程序 SSW

1.4.1　主要功能

1. 用于多层、高层建筑物的三维结构分析。
2. 分析多塔楼、连体结构,包括各种含空间框架剪力墙的结构。
3. 计算含错层、跨层柱、墙中梁柱等复杂结构。
4. 对剪力墙用连续体有限元分析。对框架系统用空间杆系有限元分析。
5. 考虑多种截面类型,并对梁、柱、异形柱和剪力墙作配筋计算。
6. 荷载包括垂直荷载(永久和可变荷载)和水平荷载(风和地震作用)。
7. 采用三向耦连地震分析,考虑任定多个方向的地震作用。
8. 考虑(或不考虑)抗震设计时的框架内力调整。
9. 考虑(或不考虑)施工模拟。
10. 考虑弯曲变形、轴向变形、扭转变形和剪切变形。
11. 计算规模原则上不受限制。

1.4.2　SSW 墙元分析

1. 墙元的精度和实用性,以及墙元应力积分的精确性。采用 4 节点矩形单元,每节点 3 个自由度,即墙平面内的 u,w,u'(转角),用 Hermitte 插值函数作单元形态分析,按有限元理论设计出来的这种墙元收敛性能好。在竖向,墙元可视为柱,在水平向,墙元可视为梁。事实上,此墙元的构造方式是专为建筑结构分析而设计的,很适用于剪力墙分析。应力积分求值时采取了由形函数精确积分、等效和插值等处理方法,使计算尽量精确。

2. 墙元与杆系结构分析的交接问题。程序在实施中,采用镶边墙元的方法,处理了平面外的交接;实体或开洞墙元均细分 3×3,引入准边界节点,内节点经凝聚被消去;另加不耦连的单元上、下水平面扭转自由度,处理与楼板交接的问题;在节点引入剪切角为 0 的假定，顺利解决了交接难题。

墙元的连续体分析应比薄壁杆系分析较精确。特别对剪力筒体，在墙元分析中，不存在平截面假定，取消了翘曲扭转，截面应力计算取高次，且按较接近实际的变形模式分析。

1.4.3 SSW 总体结构分析是用基于位移法的空间杆系有限元法

程序将结构上的节点分为刚性楼板节点和普通节点两类。对每块刚性楼板，在其重心处设一刚性楼板节点，刚性楼板节点具有 u、v 和 θ_z 3 个水平面上自由度。刚性楼板上其余的节点均为普通节点，普通节点具有 w、θ_x 和 θ_y 3 个垂直面上自由度，其 u、v 和 θ_z 3 个自由度由相应的刚性楼板节点的 u、v 和 θ_z 导出。

1.4.4 SSW 求解器采用适合复杂结构分析的波前法

对于多塔、连体、错层、跨层等复杂结构分析，并不增加带宽，因而具有较高的效率。在有限单元位移法中，波前法被公认是高效的解法，组集和消元同时进行，按层的柱、墙、梁元顺序，相关单元的刚度不断送加入内存工作区，亦不断有成熟的节点退出。

1.4.5 SSW 水平荷载（风或地震作用）下采用三向耦连分析

按此分别取 X 向风力 F_x 和 Y 向风力 F_y 联立求解。因耦连之故，当只有 X 向风力时，会同时产生 X 向侧移 U、Y 向侧移 V 和扭转角 A，从而同时产生单元 X、Y 向剪力和扭矩。当只有 Y 向风力时亦如是。地震分析时，某方向的地震作用产生 X、Y 向的地震力，两向同时作用下产生地震位移和内力。

1.4.6 SSW 地震分析

参照《建筑抗震设计规范》GB 50011—2001 所列关于考虑扭转的地震作用效应之有关公式，采用振型分解反应谱法计算。用子空间迭代法求解频率和振型。

SSW 程序采用的三向耦连分析，比单向分析要准确，也比较复杂。众所周知，建筑物侧向刚度越大，自振周期越小；建筑物重量越大，自振周期越大。从第一振型的周期值，可以大致察知整个结构是偏于刚或柔性。第一振型或低振型的性质可大致断定，一般发生在建筑物水平刚度弱的方向，如果地震作用在该方向，整体而言无疑会产生最大响应。但对复杂体型的结构，较难确切断定该方向，故 SSW 程序允许预定多个地震作用方向角，便于获得位移和内力的最大响应值。当结构特别不匀称，扭转振型成为第一振型也有可能。

多塔楼、连体的结构，地震分析更复杂，裙楼的振动对塔楼有影响，反之亦然。故例如裙楼结构或荷载不匀称，即使上部塔楼相同，各塔楼地震位移的方向和量值也不会相同。

1.5 广厦砖混结构计算

1.5.1 砖混结构抗震验算

软件能做平面墙体正交布置的砖混结构抗震验算。计算根据《建筑抗震设计规范》（GB 50011—2001）、《砌体结构计算规范》（GB 50003—2001）有关规定。

1. 采用底部剪力法作水平地震作用计算，总水平地震作用标准值为：

$$F_{EK} = \alpha_1 G_{eq} \tag{1-1}$$

式中　α_1——取 α_{max}，按如下表取值；

表 1-1

地震烈度	6 度	7 度	8 度	9 度
水平地震影响系数最大值	0.04	0.08 (0.12)	0.16 (0.24)	0.32

G_{eq}——结构等效总重力荷载。

2. 第 i 楼层的水平地震作用标准值

$$F_i = \frac{G_i H_i}{\sum_{k=1}^{n} G_k H_k} \cdot F_{EK} \tag{1-2}$$

式中 G_i, G_k——分别为集中于 i 层、k 层的重力荷载代表值；

H_i, H_k——分别为 i 层、k 层的计算高度。

3. 沿房屋各片墙体的方向都要作抗震承载力验算，均取如上计算的地震作用标准值。

4. 多层砖房的抗震承载力验算，只对平行于地震作用方向的墙体进行抗剪承载力验算，不对墙体作整体弯曲的核算。

5. 产生地震作用的质量假设集中在各楼层标高处，每层的重力荷载代表值包括本层恒载和 50% 活载加上、下各半层的砖墙自重。

6. 突出屋顶的楼、电梯间的水平地震作用取（2）式计算值的 η 倍。

$$\eta = 3.5(1 - A'/A) \qquad \eta \leqslant 3 \tag{1-3}$$

式中 A'——局部突出部分的平面面积；

A——下部建筑面积。

7. 第 i 层处的地震剪力为

$$V_i = \sum_{k=i}^{n} F_k \tag{1-4}$$

8. 各楼层地震剪力的分配

地震剪力的分配方法对于刚性、刚柔性和柔性楼盖来说是不同的。楼面刚柔性由用户输入。

（1）刚性楼、屋盖时（现浇或装配整体式楼盖）

$$V_{im} = \frac{K_{im}}{K_i} V_i \tag{1-5}$$

式中 V_{im}——分配于第 i 层第 m 片墙的地震剪力；

V_i——第 i 层的地震剪力；

K_{im}——第 i 层第 m 片墙的抗侧力刚度；

K_i——第 i 层各片墙的抗侧力刚度之和。

刚度 K_{im} 按下述情况计算：

a. 楼层剪力分配给各片墙时，假定同一层内砂浆强度等级相同，层高相同，按剪切型考虑，取 K_{im} 为第 m 片墙的净截面积；

b. 一片墙内各墙段剪力分配时，按高宽比 ρ 值计算。

当 $\rho = h/b \leqslant 1.0$

$$K_{im} = t/3\rho \tag{1-6}$$

当 $1.0<\rho\leqslant 4.0$ 时

$$K_{im} = \frac{t}{\rho^3 + 3\rho} \tag{1-7}$$

当 $\rho>4.0$ 时，不考虑该段刚度，$K_{im}=0$。

式中 t——墙厚；

h——墙段高；

b——墙段宽。

(2) 柔性楼盖时（木楼盖或开洞率很大，平面刚度很差的楼盖）仅按墙体负担的地震作用重力荷载代表值分配。

$$V_{im} = \frac{G_{im}}{G_i}V_i \tag{1-8}$$

式中 G_{im}——第 i 层第 m 片墙承受的产生水平地震作用的重力荷载代表值；

G_i——第 i 层全部重力荷载代表值。

(3) 刚柔性楼盖时（装配式钢筋混凝土楼盖）

$$V_{im} = \frac{1}{2}\left(\frac{K_{im}}{K_i} + \frac{G_{im}}{G_i}\right)V_i \tag{1-9}$$

9．砖砌体的抗震承载力验算

(1) 一般情况

$$\gamma_{Eh}V_{im} < f_{VE} \cdot A/\gamma_{RE} \tag{1-10}$$

式中 f_{VE}——验算抗震强度时，砖砌体的抗剪强度。按下式计算

$$f_{VE} = \frac{\gamma_a f_v}{\xi}\sqrt{1 + \frac{0.45\sigma_0}{\gamma_a f_v}} \tag{1-11}$$

f_v——砖砌体抗剪强度设计值，按《砌体结构设计规范》GB 50003—2001 中砖砌体沿灰缝截面破坏的抗剪强度表 3.2.2 采用；

γ_a——强度设计值调整系数，一般取 1.0；

当 $A<0.3\text{m}^2$ 时，$\gamma_a = A + 0.7$；

当砌体用水泥砂浆砌筑时，$\gamma_a = 0.8$；

σ_0——对应于重力荷载代表值的墙段平均压应力；

γ_{Eh}——地震作用分项系数，取 1.3；

A——墙段的水平截面面积；

ξ——矩形截面剪应力不均匀系数，取 1.2；

γ_{RE}——承载力抗震调整系数，取 1.0。

(2) 当不满足式 (10) 时，计算墙体所需水平钢筋面积，此时式 (10) 为：

$$\gamma_{Eh}V_{im} < (f_{VE} \cdot A + 0.15f_y A_s)/\gamma_{RE} \tag{1-12}$$

式中 A_s——层间竖向截面中水平钢筋总截面面积；

A——墙体横截面面积；

f_y——水平钢筋强度设计值，取"砖混总信息"中所指定的底框计算程序总体信

息中的墙分布筋强度，若Ⅰ级取 210N/mm², 若Ⅱ级取 300N/mm², 若Ⅲ级取 360N/mm², 也可指定强度。

(3) 当考虑构造柱参与墙体工作时，式（10）中的面积 A 为：

$$A = A_{nm} + \eta_c \frac{E_c}{E} A_c \tag{1-13}$$

式中 A_c——墙段内构造柱总截面积；
A_{nm}——墙体水平净截面积；
E_c——构造柱混凝土弹性模量；
E——砖砌体弹性模量，程序取 $E_c/E = 10$；
η_c——当 $H/B \geqslant 0.5$ 时取 0.3，$H/B < 0.5$ 时取 0.26。

10. 墙的厚度应按实际输入，不应计入抹灰层，为使墙自重在形成时能加上抹灰层重，用户可根据实际情况输入墙体比重。

1.5.2 墙体受压承载力计算

1. 受压承载力计算的墙体构件按交互输入的节点自动生成，每个节点生成一个承压构件。各墙肢的长度当有洞口时取到洞口边，无洞口时取两节点的中点。构件的轴力取其各墙肢轴力之合力。

2. 受压承载力按下式验算：

$$N \leqslant \varphi \cdot \gamma_a \cdot f \cdot A \tag{1-14}$$

式中 N——轴力设计值；
φ——影响系数；
f——砌体抗压强度设计值；
γ_a——强度设计值调整系数；
A——截面积。

3. 影响系数 φ 根据砖墙的高厚比和上下偏心按规范求解。

4. 强度设计值调整系数 γ_a 一般取 1.0。

当 $A < 0.3\text{m}^2$ 时，$\gamma_a = A + 0.7$
当砌体用水泥砂浆砌筑时，$\gamma_a = 0.85$。

1.5.3 上层砖混与底层框架的刚度比

1. D 值法求空框架侧移刚度

每根柱子的抗剪刚度：

$$D = \alpha \frac{12 i_c}{h^2} \tag{1-15}$$

式中

$$\alpha = \frac{0.5 + K}{2 + K} \tag{1-16}$$

如图 1-2 (a)

$$K = \frac{i_1 + i_2}{i_c} \tag{1-17}$$

如图 1-2 (b)

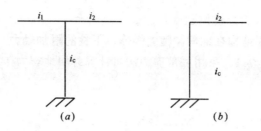

图 1-2

$$K = \frac{i_2}{i_c} \quad (1\text{-}18)$$

α 为梁柱刚度比影响系数，K 为梁柱刚度比，i_1、i_2 是梁的线刚度，i_c 是柱在侧移方向的线刚度，h 是层高。

将所有柱子的 D 值相加，得到层侧移刚度 K_f。

2．填充墙的层间侧移刚度

$$K_w = \frac{3\Sigma E_w I_w}{H_w^3(\psi_m + \gamma\psi_v)}, \qquad \gamma = \frac{9I_w}{A_w H_w^2} \quad (1\text{-}19)$$

式中　E_w——填充墙砌体的弹性模量；
　　　H_w——填充墙高度；
　　　A_w——填充墙水平截面积；
　　　γ——剪切影响系数；
　　　I_w——填充墙水平截面惯性矩；
　　　$\psi_m\psi_v$——洞口影响系数。

3．抗震墙的侧移刚度

$$\rho = \frac{h}{b} \quad (1\text{-}20)$$

(1) ρ<1 时

$$K_j = \frac{GA}{1.2H} \quad (1\text{-}21)$$

(2) 1<ρ<4 时

$$K_j = \frac{EA}{H\left(3 + \dfrac{H^2}{b^2}\right)} \quad (1\text{-}22)$$

式中　h——净墙高；
　　　b——墙长；
　　　G——剪变模量；
　　　E——弹性模量；
　　　H——层高；
　　　A——墙体截面面积。

(3) ρ>4 时不考虑墙体抗侧力刚度

各墙段刚度 K_j 之和为总抗侧刚度 K_{we}。

1.5.4 底框上砖房结构在地震倾覆力矩作用下柱的附加轴力

1. 根据抗震规范 5.2.1，采用底部剪力法可计算各层地震力 F_i，

$$F_{EK} = \alpha_1 G_{eq} \tag{1-23}$$

$$F_i = \frac{G_i h_i}{\Sigma G_j h_j} F_{EK} \qquad i = 1,6 \tag{1-24}$$

地震作用下总倾覆力矩

$$M_q = \Sigma F_i h_i \tag{1-25}$$

2. 由于进入空间分析 SS 计算的只是底框部分，此时上部砖房的荷载已加到底框顶层。只取底框各层，按 $F_k = \frac{G'_k h_k}{\Sigma G'_j h_j} F_{EK}$，$k=1$，2计算各层地震力 F_k，地震作用下底框结构倾覆力矩

$$M_k = \Sigma F_k h_k \tag{1-26}$$

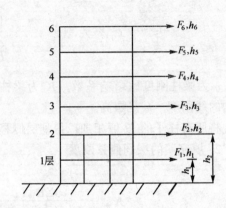

3. 考虑上部砖房影响，仅按底框计算的柱附加轴力偏小。因此需对地震作用下底层柱轴力进行放大，放大系数 S 为：

图 1-3

$$S = \frac{M_q}{M_k} \tag{1-27}$$

S 大于 1.0。在广厦结构 CAD8.5 版中用 SS 程序计算底框结构时，程序自动放大地震工况下的柱底轴力。

1.6 墙、柱双向偏压验算

对墙、柱承载力进行双向偏压验算是规范所要求的，广厦 CAD 系统严格按规范要求做。经简化后，以受压区尽端为原点 O，以 α 为转角，建立 $x'-y'$ 坐标系，则正截面承载力计算公式为：

$$N \leqslant \sum_{i=1}^{n_c} A_{ci} \sigma_{ci} + \sum_{j=1}^{n_s} A_{sj} \sigma_{sj} \tag{1-28}$$

$$N \cdot e \leqslant \sum_{i=1}^{n_c} A_{ci} \sigma_{ci} y_{ci} + \sum_{j=1}^{n_s} A_{sj} \sigma_{sj} y_{sj} \tag{1-29}$$

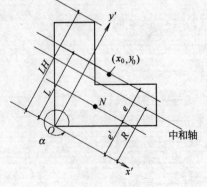

式中 N——轴向力设计值；

e'——$L-e$，L 为重心 (x_0, y_0) 到 x' 轴的距离；

e——$\eta(e_0 + e_a)$，η 为偏心距增大系数，$e_0 = M/N$，e_a 为附加偏心距；

图 1-4

σ_{ci}，A_{ci}——第 i 个混凝土单元的应力及面积，不考虑拉区应力，压区应力取 $\sigma_{ci}=f_{cm}$；

σ_{sj}，A_{sj}——第 j 个钢筋单元的应力及面积，定义压应力为正；

$$\sigma_{sj} = 0.0033E_s\left(1 - \frac{y_{sj}}{R}\right) \tag{1-30}$$

且满足 $-f_y \leqslant \sigma_{sj} \leqslant f'_y$

d——钢筋直径，据规程，截面内所有纵向钢筋取相同直径；

y_{ci}，y_{sj}——第 i 个混凝土单元、第 j 个钢筋单元形心的 y' 向坐标；

n_c，n_s——混凝土及钢筋单元总数；

R——受压区尽端至中和轴的距离；

LH——沿中和轴法向，压区尽端到拉区尽端的距离。

1.7 梁、板的裂缝和挠度验算

1. 大跨度梁或井字梁常会出现由裂缝和挠度控制配筋，而不是由内力控制配筋。对这类梁最好做裂缝和挠度验算。
2. 配筋系统中自动验算框架梁、次梁、板的裂缝和挠度。
3. 配筋系统中非悬臂梁板的裂缝和挠度不满足规范要求时，自动增加梁板底钢筋，梁底筋配筋率可增至 2.0，板的底筋可增至 $\phi10@100$。
4. 施工图系统中，修改梁板钢筋自动重新验算裂缝和挠度。
5. 对井字梁先合并井字梁梁跨，同时考虑交叉梁左右剪力产生的集中力作用和井字梁上的恒活荷载，再进行裂缝和挠度验算。

1.7.1 裂缝宽度验算

基本公式：

$$w_{max} \leqslant [w_{max}] \tag{1-31}$$

$$w_{max} = \alpha_{cr} \cdot \psi \cdot \frac{\sigma_{sk}}{E_s}\left(1.9C + 0.08\frac{d_{eq}}{\rho_{te}}\right) \tag{1-32}$$

式中 E_s——受拉钢筋弹性模量；

d_{eq}——钢筋直径，$=4A_s/u$；

A_s——受拉钢筋面积；

u——受拉钢筋截面总周长；

C——保护层厚度，当 $d \leqslant 25mm$，$C=25mm$；当 $d>25mm$，$C=d$；

ν——受拉钢筋表面特征系数，当受拉筋为二级钢，$=0.7$；当受拉筋为一级钢，$=1.0$；

ψ——受拉钢筋应变不均匀系数。

$$\psi = 1.1 - \frac{0.65f_{tk}}{\rho_{te} \cdot \sigma_{sk}} \tag{1-33}$$

当 $\psi<0.2$ 时，取 $\psi=0.2$；当 $\psi>1.0$ 时，取 $\psi=1.0$。

式中 f_{tk}——混凝土抗拉强度标准值；

ρ_{te}——受拉钢筋配筋率。

$$\rho_{te} = \frac{A_s}{A_{te}} \quad (1-34)$$

当 $\rho_{te} < 0.01$ 时,取 $\rho_{te} = 0.01$。

对受弯构件:

$$A_{te} = 0.5 \cdot b \cdot h \quad (1-35)$$

$$\alpha_{cr} = 2.1 \quad (1-36)$$

$$\sigma_{sk} = \frac{M_k}{0.87(h-C) \cdot A_s} \quad (1-37)$$

M_k——荷载短期效应组合计算的弯矩值。程序取竖向荷载下,梁跨中最大弯矩标准值。

1.7.2 挠度验算

基本公式:

$$f_{max} \leqslant [f_{max}]$$

f_{max} 是梁跨中最大弯矩处的挠度。

B 为受弯构件的长期刚度,为对应最大弯矩处的刚度。

$$B = \frac{M_k}{M_q(\theta - 1) + M_k} B_s \quad (1-38)$$

B_s 为受弯构件短期刚度。

$$B_s = \frac{E_s \cdot A_s \cdot h_0^2}{1.15\psi + 0.2 + 6\alpha_E \rho} \quad (1-39)$$

$$\psi = 1.1 - \frac{0.65 f_{tk}}{\rho \cdot \sigma_{sk}} \quad (1-40)$$

式中 ψ——受拉钢筋应变不均匀系数;

当 $\psi < 0.2$ 时,取 $\psi = 0.2$;当 $\psi > 1.0$ 时,取 $\psi = 1.0$。

α_E——钢筋弹性模量与混凝土弹性模量的比值;

ρ——受拉钢筋配筋率。

$$\rho = \frac{A_s}{A_{te}} \quad (1-41)$$

当 $\rho < 0.01$ 时,取 $\rho_{te} = 0.01$。

$$A_{te} = 0.5 \cdot b \cdot h$$

M_k——荷载短期效应组合计算的弯矩值。程序取竖向荷载下,梁跨中最大弯矩标准值;

M_q——荷载长期效应组合计算的弯矩值。程序取竖向荷载下,活载乘以准永久值系数,梁跨中最大弯矩标准值;

θ——考虑荷载长期效应组合对挠度增大的影响系数;

当 $\rho' = 0$ 时,$\theta = 2.0$;

当 $\rho' = 0$ 时,$\theta = 1.6$;

当 ρ' 为中间值时，$\theta = 2.0 - 0.4\rho'/\rho$。

ρ'——受压钢筋配筋率，$\rho' = A_s'/bh_0$。

求最大弯矩 M_k：

对于框架梁，可直接读取结构分析程序计算的 M_k。

对于连续次梁（或简支梁），按以下方法计算。截取每跨梁，其上荷载和所受外力可分为以下 4 种情况。

1. 情况 1

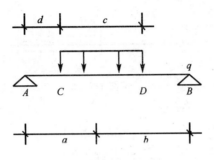

图 1-5

AC 段：
$$M_x = \frac{q \cdot c \cdot b \cdot x}{l} \tag{1-42}$$

CD 段：
$$M_x = q \cdot c \left(\frac{b \cdot x}{l} - \frac{(x-d)^2}{2c} \right) \tag{1-43}$$

DB 段：
$$M_x = q \cdot c \cdot a \left(1 - \frac{x}{l} \right) \tag{1-44}$$

AC 段：
$$f_x = \frac{q \cdot c \cdot b}{24Bl} \left[\left(4l - 4\frac{b^2}{l} - \frac{c^2}{l} \right) x - 4\frac{x^3}{l} \right] \tag{1-45}$$

CD 段：
$$f_x = \frac{q \cdot c \cdot b}{24Bl} \left[\left(4l - 4\frac{b^2}{l} - \frac{c^2}{l} \right) x - 4\frac{x^3}{l} + \frac{(x-d)^4}{bc} \right] \tag{1-46}$$

DB 段：
$$f_x = \frac{q \cdot c}{24Bl} \left[4b \left(l - \frac{b^2}{l} \right) x - 4\frac{bx^3}{l} + 4(x-a)^3 - a \cdot c^2 \left(l - \frac{x}{l} \right) \right] \tag{1-47}$$

2. 情况 2

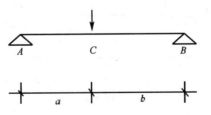

图 1-6

AC 段：
$$M_x = \frac{P \cdot b \cdot x}{l} \tag{1-48}$$

CB 段：
$$M_x = \frac{P \cdot a}{l}(l - x) \tag{1-49}$$

AC 段：
$$f_x = \frac{P \cdot b \cdot l^2}{6Bl} \left(\frac{x}{l} - \frac{x^3 + b^2 x}{l^3} \right) \tag{1-50}$$

CB 段：
$$f_x = \frac{P \cdot a \cdot l^2}{6Bl}\left(\frac{l-x}{l} - \frac{(l-x)^3 + a^2(l-x)}{l^3}\right) \quad (1\text{-}51)$$

3. 情况 3

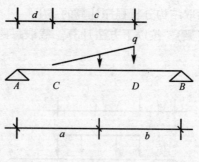

图 1-7

$$a = d + 2c/3 \quad (1\text{-}52)$$

AC 段：
$$M_x = \frac{q \cdot c \cdot b \cdot x}{2l} \quad (1\text{-}53)$$

CD 段：
$$M_x = \frac{q \cdot c}{2}\left(\frac{bx}{l} - \frac{(x-d)^3}{3c^2}\right) \quad (1\text{-}54)$$

DB 段：
$$M_x = \frac{q \cdot c \cdot a}{2}\left(1 - \frac{x}{l}\right) \quad (1\text{-}55)$$

AC 段：
$$f_x = \frac{q \cdot c}{72Bl}\left[\left(6bl - 6\frac{b^3}{l} - \frac{bc^2}{l} - \frac{2c^3}{45l}\right)x - 6\frac{bx^3}{l}\right] \quad (1\text{-}56)$$

CD 段：
$$f_x = \frac{q \cdot c}{72Bl}\left[\left(6bl - 6\frac{b^3}{l} - \frac{bc^2}{l} - \frac{2c^3}{45l}\right)x - 6\frac{bx^3}{l} + \frac{3(x-d)^5}{5c^2}\right] \quad (1\text{-}57)$$

DB 段：
$$f_x = \frac{q \cdot c}{72Bl}\left[6b\left(l - \frac{b^2}{l}\right)x - \frac{6bx^3}{l} + 6(x-a)^3 - \left(ac^2 - \frac{2c^2}{45}\right)\left(1 - \frac{x}{l}\right)\right] \quad (1\text{-}58)$$

4. 情况 4

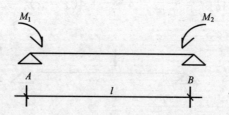

图 1-8

$$M_0 = M_2 - M_1 \quad (1\text{-}58A)$$
$$M_x = M_1 + M_0 \cdot x/l \quad (1\text{-}59)$$
$$f_x = \frac{l^2}{6Bl}\left[3M_1\frac{x(1-x)}{l^2} + M_0\frac{x}{l}\left(1 - \frac{x^2}{l^2}\right)\right] \quad (1\text{-}60)$$

取跨中 5 个断面，分别求出在荷载或外力作用下，5 个断面的弯矩，将这些弯矩值相加，最大值即为 M_k。

从而可求出对应最大 M_k 的 M_q 和挠度 f_x。

1.8 荷载的输入和传递

1.8.1 板上均布荷载导到梁、墙上，板上荷载模式分以下几种：

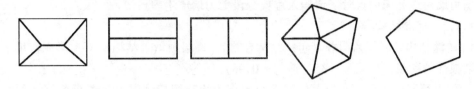

图 1-9

1．导荷载时活载和恒载分别导荷载；

2．所有输入的荷载应为荷载标准值；

3．现浇板的自重由程序计算，自动叠加到恒载中，现浇板上的恒载一般指装修和抹灰的重量，或者将板上砖墙线荷折算为楼板面荷。现浇板有双向，长边单向，短边单向，面积分配和周长分配 5 种导荷模式，飘板必须采用周长分配导荷模式；

4．预制板自重由用户自己计算并加入恒载中，预制板按板的铺设方向单向导荷载；

5．前 3 种板荷载模式要求：四边形板，每个内角控制在 [85°, 95°] 之间；

6．第 1、4 种板荷载模式，将按三角形或梯形分布荷载导到板边上；其余 3 种板荷载模式，将均布荷载导到板边上；

7．板边有虚梁的，应用第 5 种板荷载模式，板荷将不传到虚梁上，且将传至虚梁部分按边长比例分配至其他实梁；

8．分布载导到墙肢上，等效为均布载。

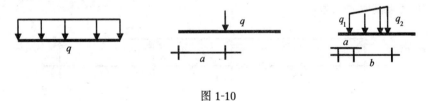

图 1-10

1.8.2 次梁荷载导到梁、柱、墙上

1．输入的梁荷载为恒载或活载，有均载，集中载和分布载，梁上活载也可以从板上导荷而来；

2．次梁的自重由程序计算，自动叠加到恒载中；

3．空间分析采用 SS，SSW 和砖混，底框砖房结构设计时，次梁不参加空间分析，其他情况可由设计人员自己选择；

4．若次梁不参加空间分析，采用连续梁的计算方法，则高级次梁传导到低级次梁，最后传导到承重的主梁或墙柱上，次梁传导时，其上所有荷载转代为集中恒载和集中活载，平分从两端传导到所支承的梁和墙柱上，所以次梁是否参加空间分析，计算方法不同，计算结果也不同；

5．坡屋面的梁板的荷载为原荷载除以 cos 倾角；

6. 楼梯梁可作为梁上集中力输入，也可作次梁输入，（请修改其相对标高）；

7. 钢筋混凝土结构中抗震由框架结构承担，确实是次梁请按次梁输入，井字集和复杂阳台面封口的折梁可按主梁输入，参加空间分析；

8. 梁上托柱，下一标准层柱定位点 0.5m 范围中必须有一虚柱。托剪力墙时，先按各剪力墙肢中点往下找相连节点，再按各肢交点寻找。剪力墙托柱时，柱必须在剪力墙内点上，剪力墙对应处无内点时，请输入虚梁分段剪力墙产生内点。

1.8.3 砖混结构导荷

1. 砖混结构各层恒活荷载（包括结构自重），逐层顺承重结构传下，形成作用于底层柱、墙根部的荷载（恒载×1.35，活载×0.98）；

2. 梁上荷载的传递：先将上层砖墙荷载作为均布载导到梁上，再将梁荷导到两端支撑构件；

3. 悬臂梁是将集中力导到悬臂梁根部的构造柱或砖墙上，构造柱、垂直方向砖墙、平行方向砖墙各占多少比例由用户在总体信息中指定；

4. 当上下构件（节点）不一一对应时，导荷较复杂，我们是通过下层构件（节点）寻找上层构件（节点）的，有些情况要作简化：

(1) 下层柱只接受对应位置上层柱传下的荷载。

(2) 下层梁接受对应位置上层柱、墙传下的荷载，柱荷为集中荷载，墙荷为分布荷载。

(3) 下层墙接受对应位置上层柱、墙传下的荷载，柱荷为集中荷载，墙荷转化为均布荷载。

1.9 楼板次梁的计算

1.9.1 连续次梁计算

将连续次梁模型简化为：

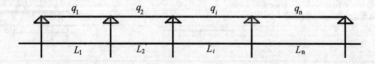

图 1-11

两端边界条件：当搭接于高级梁，按简支边界条件；
当搭接于低级梁，按自由边界条件。

取出隔离段，q_i 为第 i 跨荷载，I_i 为第 i 跨的线刚度，

$$I_i = E \cdot I_i / L_i \tag{1-61}$$

$$q_{ic} = 1.35 \cdot q_c (恒载) \tag{1-62}$$

$$q_{id} = 0.98 \cdot q_d (活载) \tag{1-63}$$

由此可得杆端弯矩

$$M_{iA} = 4 \cdot I_i \cdot \theta_i + 2 \cdot I_i \cdot \theta_{i+1} + m_{iA} \tag{1-64}$$

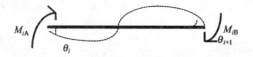

图 1-12

$$M_{iB} = 2 \cdot I_i \cdot \theta_i + 4 \cdot I_i \cdot \theta_{i+1} + m_{iB} \quad (1-65)$$

式中 m_{iA}——第 i 跨在 q_i 荷载作用下的左端固端弯矩；

         m_{iB}——第 i 跨在 q_i 荷载作用下的右端固端弯矩；

         θ_i——第 i 跨左端的转角；

         θ_{i+1}——第 i 跨右端的转角。

若端部有悬臂梁，则将悬臂梁上荷载产生的弯矩和剪力作为外载加到连梁端部，参与求解。

这样，由每支撑点处的弯矩平衡方程

$$\Sigma M = 0 \quad (1-66)$$

可以得到 $n+1$ 阶方程组，解之即得 θ_1、$\cdots\theta_i$、$\cdots\theta_n$。回代即得到各段的弯矩。

杆端剪力为：

$$Q_{iA} = -(M_{iA} - m_{iA} + M_{iB} - m_{iB})/L_i + q_{iA} \quad (1-67)$$

$$Q_{iB} = -(M_{iA} - m_{iA} + M_{iB} - m_{iB})/L_i + q_{iB} \quad (1-68)$$

式中 q_{iA}——第 i 跨荷载引起的左端固端剪力；

         q_{iB}——第 i 跨荷载引起的右端固端剪力。

剪力取绝对值用于检验截面控制条件和计算箍筋。

考虑荷载不利组合时，取恒载与各跨布活载时，叠加之最不利者，即作如下处理：

1. 恒载 q_c 计算一次，得到各截面内力；
2. 仅第一跨加活载 q_d，其余跨不加载，得到各截面内力；
3. 仅第二跨加活载 q_d，其余跨不加载，得到各截面内力；
4. 一直重复到最后一跨加活载 q_d，其余跨不加载，得到各截面内力；
5. 将以上计算的各截面内力按不利相加，可得不利组合下各截面内力。然后根据支座不利负弯矩计算支座负筋，根据跨中各截面不利正弯矩计算跨中正筋。

1.9.2 连续梁形成条件

所有连续梁由程序自动搜索出来，条件是：

1. 两梁有一端都搭在同一节点或内点上；
2. 两梁的夹角在 ±10° 之内；
3. 两梁的宽 B 相差在 5cm 之内；
4. 两梁的标高相差在 5cm 之内；
5. 两梁的水平相错在 5cm 之内。

1.9.3 楼板计算

1. 板基本类型分两种：单向板、双向板；按形状分为：规则板、不规则板。

2．自动计算是指将单个板按其边条件自动计算跨中、支座弯矩。

3．规则单向板。

M 为单位长度板宽之弯矩。

如图 1-13，板 $ABCD$ 的面荷为 q（kN/m^2）。

AB、CD 边均为简支：$M_a° = M_b° = 0$，$M = q \cdot L_2 \cdot L_2 / 8$。

AB 边为简支，CD 边固定：$M_a° = 0$，$M_b° = -q \cdot L_2 \cdot L_2 / 8$，$M = 9 \cdot q \cdot L_2 \cdot L_2 / 128$。

CD 边为简支，AB 边固定：$M_b° = 0$，$M_a° = -q \cdot L_2 \cdot L_2 / 8$，$M = 9 \cdot q \cdot L_2 \cdot L_2 / 128$。

AB、CD 边均为固定：$M_a° = M_b° = -q \cdot L_2 \cdot L_2 / 12$，$M = q \cdot L_2 \cdot L_2 / 24$。

AB 边为固支，CD 边自由：$M_a° = -q \cdot L_2 \cdot L_2 / 2$，$M_b° = 0$。

CD 边为固支，AB 边自由：$M_b° = -q \cdot L_2 \cdot L_2 / 2$，$M_a° = 0$。

M 不小于简支下跨中弯矩一半。

4．规则双向板

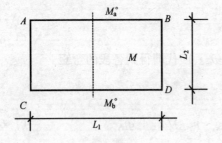
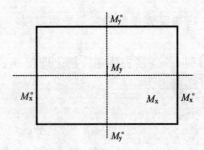

图 1-13　　　　　　　　　　图 1-14

如图 1-14，按弹性理论计算双向板在均布荷载作用下的弯矩，弯矩 M_x、M_y、$M_x°$、$M_y°$ 由弯矩系数可得：

$$M_x = K_{mxmax} \cdot q \cdot l_x \cdot l_x \tag{1-69}$$

$$M_y = K_{mymax} \cdot q \cdot l_x \cdot l_x \tag{1-70}$$

$$M_x° = K_{mx'max} \cdot q \cdot l_x \cdot l_x \tag{1-71}$$

$$M_y° = K_{my'max} \cdot q \cdot l_x \cdot l_x \tag{1-72}$$

其中弯矩系数 K_{mxmax}、K_{mymax}、$K_{mx'max}$、$K_{my'max}$ 由文献《建筑结构设计实用手册》（高等教育出版社）表 2-2 可得，这里就不详细列出。

跨中弯矩不小于四周简支下跨中弯矩的一半。

5．不规则单向板

如图 1-15，由用户指定计算方向 n（缺省时以垂直最长边方向为计算方向），找出两条垂直 n，且正好包住不规则板的平行线，计算出其距离 L，假设四周简支，则跨中

$$M = q \cdot L \cdot L / 8 \tag{1-73}$$

6．不规则双向板

如 1-16 图，由用户指定计算方向 n（缺省时以垂直最长边方向为其一个计算方向），找出两条垂直 n 且正好包住不规则板的平行线，再找出两条平行 n 且正好包住不规则板的平行线，计算出其距离 L_x、L_y，假设四周简支，按上述规则双向板的方法，查得弯矩系数，然后可求出跨中弯矩。

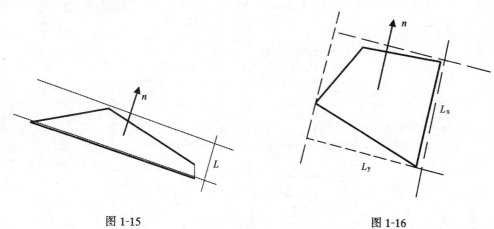

图 1-15　　　　　　　　　　图 1-16

7. 不规则板求得的跨中弯矩，乘以 0.8 的加权系数作为跨中弯矩，跨中之最大值乘以 0.4 作为支座弯矩。

8. 连板计算（按单位长度板宽）公式同连梁。

当作连板计算的板由用户指定。连板计算时，连板两端边界条件为简支。

1.9.4　修改板边界条件

1. 边界条件分为 3 种：固支边界，简支边界，自由边界；
2. 程序自动将楼面内、外边界，标高不相同板之间的边界条件定为简支，其余定为固支；
3. 用户可任意修改楼板的边界条件，并可得到不同的计算弯矩；
4. 对于异型板，程序按周边简支计算，然后将板中弯矩分配到周边。

1.9.5　板和次梁配筋率计算方法

按单筋矩形截面受弯构件配筋。

原始数据：

M——设计弯矩 kN·m；

b——梁宽（板取 1m）；

h——梁高（板是板厚）；

f_{cm}——由混凝土强度等级查得；

f_y——三级钢 = 360N/mm²；二级钢 = 300N/mm²；一级钢 = 210N/mm²；

a——保护层厚度　梁 a = 3.5cm；板 a = 2.0cm；

u_{min}——最小配筋率按《混凝土结构设计规范》GB 50010—2002；

E_s——二级钢弹性模量 = 200000000kN/m²；

　　　一级钢弹性模量 = 210000000kN/m²；

A_s——配筋面积。

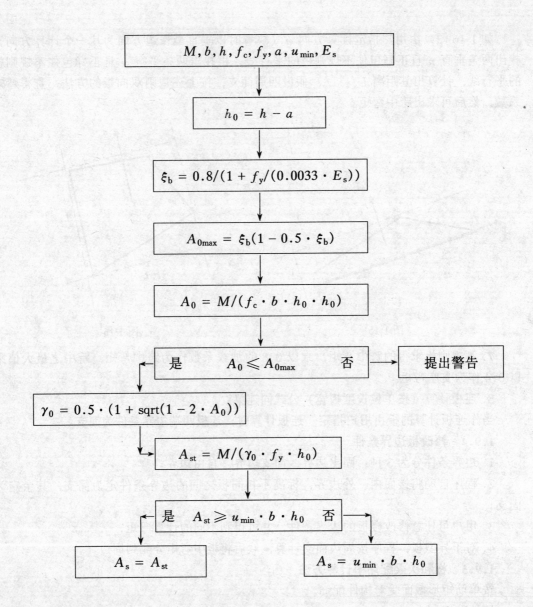

第2章 广厦建筑结构CAD起步

2.1 广厦建筑结构CAD安装步骤

2.1.1 个人版、单位版和授权版安装

插软件狗于打印机口，将广厦建筑结构CAD光盘放入光驱中，运行光盘上的 \ gs \ Setup.exe，直至安装完毕。

2.1.2 网络版安装

插网络版软件狗于服务器的打印机口，服务器安装过程见光盘上server子目录下的"网安.doc"文件，当计算机联网且无光驱时，可共享服务器上的光驱，然后运行光盘上的 \ gs \ Setup.exe；如果不能安装，可以将gs子目录复制到工作站的根目录下，再运行 \ gs \ Setup.exe。

2.2 广厦建筑结构CAD回收

对于单位授权版用户（个人版、单位版和单位网络版用户不必回收），**在硬盘重新格式化、删除硬盘上的WINDOWS或把安装授权转移到另外一台计算机之前，请回收此台计算机上的广厦建筑结构CAD的安装授权点到软件狗上。在您回收时将提示软件狗上还剩多少授权点。**

插软件狗于打印机口，有以下两种回收方法：

1) 在WINDOWS下，运行光盘上的setup.exe文件，在安装界面中点按对话框中的"回收安装"按钮；

2) 在DOS下，运行GSCAD系统目录下的backdog.exe文件。

2.3 广厦建筑结构CAD升级

不插软件狗重新安装即可升级，当提示插软件狗时，请点按"Cancel"，直至安装完毕，插软件狗安装升级也可以，若为单位授权版软件狗上的节点数不会减少。有两种方法可得到升级安装文件：向深圳市广厦软件有限公司索取安装光盘，或在www.gscad.com.cn的产品特区中下载安装文件。

在www.gscad.com.cn的产品特区中下载CAD补丁解压到GSCAD目录即可升级。

2.4 广厦建筑结构CAD学习版

不插软件狗安装（安装时须等待半分钟检测软件狗是否存在）的广厦结构CAD可用

于不超过3层的结构设计,包括建模、楼板计算、SS/SSW空间分析、梁柱表出图、平法出图、扩展基础、桩基础、条形基础和筏板基础设计,包含全套说明书、光盘和邮寄费,只收工本费300元。

2.5 如何学习广厦建筑结构CAD8.5

对从没有接触过广厦建筑结构CAD的工程师从以下第一步开始按步骤学习;对观看过广厦建筑结构CAD演示的工程师从以下第二步开始按步骤学习;对广厦建筑结构CAD老用户,若需设计砖混结构,从以下第三步练习Hz.prj开始按步骤学习,若无砖混结构设计,从以下第四步开始按步骤学习,所有工程师有必要阅读本书"设计教程"中有关内容。

第一步:观摩光盘内的演示程序。
第二步:按本自学教程上机操作(绘图窗口的下方有各按钮的操作提示)。
第三步:练习Exam子目录下Frame.prj、Brick.prj和Hz.prj。
第四步:阅读本书设计教程章节。
第五步:在工程设计中遇到问题,请打下列电话。

2.6 答疑联系地址

有疑问可与当地广厦代理联系,或打电话:
深圳:0755-83997832,83997845,83347990,013502824671

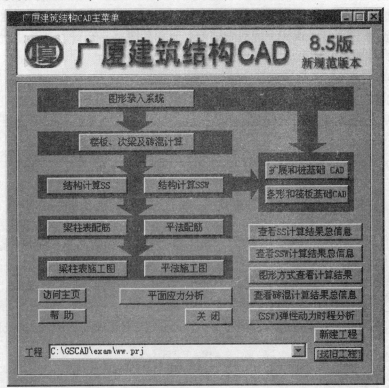

图2-1

2.7 通过 E-mail 发送工程数据

工程数据有疑问，可在录入系统中选择"工程-生成备份数据"，把生成的 filename.arj 作为附件插入电子邮件发给：

e-mail 地址：gscad@public.szptt.net.cn 或 webmaster@gscad.com.cn

若工程数据较大，请先在录入系统中采用"**主菜单－工程－另存到**"**存为新的工程名，**再选择"工程-生成备份数据"，这样可避免把计算和后处理数据压缩进来。

2.8 广厦建筑结构 CAD 主菜单和设计流程

如何为工程命名：

菜单位置：广厦建筑结构 CAD 主菜单—新建工程

在菜单上点取此命令，屏幕上出现如下对话框，指定目录和输入新

工程名：WW．系统自动加·prj 后缀。

注意：工程名字和各级子目录名符号数≤8 个英文字符或 4 个中文字符；工程路径＋工程名字符数≤40。

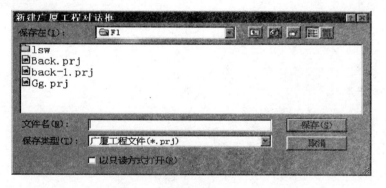

图 2-2

录入系统：输入剪力墙、柱、梁、板、砖墙的位置、尺寸和荷载，程序自动进行导荷载，并生成楼板、次梁、砖混和空间结构分析计算数据。

楼板次梁砖混计算：计算所有标准层的楼板、次梁和进行砖混结构的抗震验算等。

空间结构计算：计算剪力墙、柱、主梁的内力和配筋，广厦结构 CAD 支持一次建模，与多个结构计算程序接口，最后分别生成施工图。

配筋系统：根据计算结果生成平法或梁柱表结构施工图。

施工图系统：处理结构施工图三大问题（归并、字符重叠和钢筋修改），最后形成 DWG 格式图形文件，一般工程可采用"生成整个工程 DWG"。

基础 CAD：根据首层柱布置和结构计算的柱底力，计算扩展和桩基础并生成基础图，计算交叉条基（弹性地基梁）和板式筏基，最后生成 DWG 文件。

注意：当工程在录入系统中进行了修改，必须重新生成结构计算数据和重新进行楼板、次梁、砖混计算。

采用本CAD进行结构设计的主要步骤：

1. 采用"录入系统"建模和输入荷载；
2. 进行楼板次梁砖混计算，查看砖混计算结果总信息；
3. 进行空间分析计算SS或SSW，纯砖混结构不必采用空间分析计算，底框和混合结构框架部分必须采用SS来计算，查看SS或SSW计算结果总信息，在"图形方式查看计算结果"中通过按钮"超限信息"审查有无构件超限，并分析计算结果；
4. 在"配筋系统"中生成施工图，并处理警告信息；
5. 在"施工图系统"编辑，简单工程可直接采用"生成整个工程DWG"，在Autocad中修改施工图；
6. 采用基础CAD进行基础设计，在Autocad中修改基础施工图；
7. 打印建模简图和计算简图。

第3章 广厦建筑结构录入教程

3.1 输入工程信息

建立名为 ww.prj 的工程，结构层数 3 层，分 3 个标准层：1 层为底层框架，上面两层为砖混结构，其中 2 层为第 2 标准层，3 层为第 3 标准层，每层层高为 3.2m，柱混凝土等级：1~3 层为 C25，梁板混凝土等级 1~3 层为 C20，砂浆强度等级：1~3 层为 M5.0，砌块强度等级：1~3 层为 MU7.5。

3.1.1 进入结构录入

菜单位置：广厦建筑结构 CAD 主菜单—图形录入系统进入录入系统，自动调入已指定的工程。

3.1.2 总体信息

菜单位置：主菜单—选项—砖混总体信息/SS 总体信息/TBSA 总体信息/TAT 总体信息

点取砖混总体信息，输入结构总层数 3，结构形式选择 2（底框），底层框架层数输入 1，底框计算程序选择 SS。再点取"SS 总体信息"，输入振型数 1。不管有无购买 SS，都可采用 SS 计算小于等于 8 层框架结构。

若底框计算程序采用 TBSA 时，在砖混总体信息中选择 TBSA，再选择"TBSA 总体信息"，进行相应内容修改；若底框计算程序采用 TAT 时，在砖混总体信息中选择 TAT，再选择"TAT 总体信息"，进行相应内容修改。

其余的参数根据具体工程作相应设置。X、Y 向最大屏幕窗口尺寸，设计人员一般不用输入，在第一标准层数据编辑时，点按"显示全图"按钮，若图形显示在屏幕窗口之外，录入系统自动调整最大屏幕窗口尺寸。

3.1.3 各层信息

1. 划分标准层

菜单位置：主菜单—选项—各层信息输入—划分标准层

输入：第 1 标准层为 1~1 层，第 2 标准层为 2~2 层，第 3 标准层为 3~3 层。

框架部分中平面布置和荷载完全相同的为同一标准层，只是墙柱截面不同的结构层可归为同一标准层，录入系统标准层划分与层高、墙柱梁板混凝土等级无关，纯砖混、底框和混合结构中每一结构层抗震验算、轴力等不同，所以每一结构平面划分为一个标准层。

2. 输入层高

菜单位置：主菜单—选项—各层信息输入—设置层高

输入：1~3 层每层层高 3.2m。

3. 指定墙柱混凝土等级

菜单位置：主菜单—选项—各层信息输入—墙柱混凝土等级

输入：1～3层墙柱混凝土等级为C25。可输入C18和C22等非标准墙柱混凝土等级，计算时抗压强度设计值和标准值按线性插值处理。

4．指定梁板混凝土等级

菜单位置：主菜单—选项—各层信息输入—梁板混凝土等级

输入：1～3层梁板混凝土等级为C20。可输入C18和C22等非标准墙柱混凝土等级，计算时抗压强度设计值和标准值按线性插值处理。

5．指定砂浆强度等级

菜单位置：主菜单—选项—各层信息输入—砂浆强度等级

输入：1～3层砂浆强度等级为M5.0。

6．指定砌块强度等级

菜单位置：主菜单—选项—各层信息输入—砌块强度等级

输入：1～3层砌块强度等级为MU7.5。

7．多塔错层信息

对于单塔且无错层的工程结构，不需输入本节信息。如图3-1多塔错层结构可选择SSW或TBSA进行结构分析，输入以下信息，图3-1建筑层分为2，3，4，5，6，广厦规定结构层按图3-1 1～8编号，结构层2有跨层柱，因而该结构既是多塔，又是错层结构。

(1) 设置下一层和层高

菜单位置：主菜单—选项—多塔错层信息—设置下一层和层高

设置每一结构层对应的下一结构层号及其相对高度，当下一层号对应多个结构层时，选择其中一个结构层，结构层号前加负号。当工程为多塔或错层结构时，请选择"有多塔或错层"，此时"主菜单—选项—各层信息输入—设置层高"将无效，在本菜单项里设置各层层高。如图3-1多塔错层结构下一层和层高设置如下，结构2层的下一结构层是1层和0层，所以输入－1，结构6层的下一结构层是2。

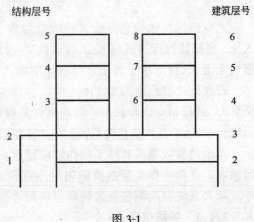

图3-1

(2) 设置塔块

菜单位置：主菜单—选项—多塔错层信息—设置塔块

输入每一塔块最末结构层号，以逗号分隔。如图3-2多塔错层结构塔块设置：2，5，8。

3.2 建立轴网和轴网线

CAD中轴线包括轴网线、辅助线和边轴线，以下介绍常用的轴网线和辅助线。边轴线只应用于复杂工程轴网线过密时的墙柱定位，一般工程不必输入。广厦剪力墙、梁和砖

图 3-2

墙可以不通过轴线直接输入，简化了轴线的复杂性。

3.2.1 轴网间距的输入原则

框架和框剪结构：

广厦轴网用于定位剪力墙和柱，一般不需要专门在梁或一般墙肢位置加轴网，以免轴网过密。凡是有建筑二级尺寸线的地方尽量有轴网线穿过，电梯井剪力墙处可输入一小轴网或辅助线辅助建墙，梁可通过窗选、两点、轴线或距离四种方法任意输入，剪力墙也可通过两点、轴线、延伸或距离四种方法任意输入，少量柱也可不靠轴网任意输入，轴网只是用于辅助定位，广厦录入系统可以不依靠轴网任意输入墙柱和梁。本录入系统有三种轴网，可以拼接和重叠，数目小于 20 个。

纯剪力墙结构：

在剪力墙位置加轴网或辅助线，再通过两点、轴线、延伸或距离 4 种方法输入剪力墙，最后采用连梁井洞功能布置连梁即可。

砖混结构：

根据外墙总尺寸作为轴网 X、Y 向间距输入一正交轴网，内部砖墙采用"距离砖墙"输入。

混合结构：

根据外墙和框架柱位置布置轴网。

建立如图 3-3 所示轴网：

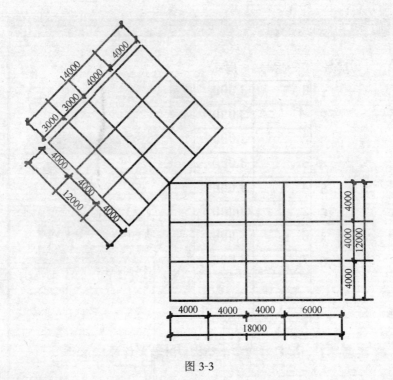

图 3-3

3.2.2 正交轴网

菜单位置：主菜单—轴线编辑—按钮窗口—正交轴网

在绘图板上任选一点作为正交轴网左下角点，弹出如下对话框输入两方向间距。其中 * 号后数字为相同间距的个数，如图 3-4 对话框中为 3 个 4m。

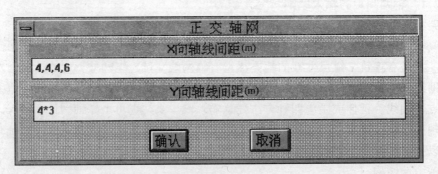

图 3-4

绘图板上出现图 3-5。

3.2.3 斜交轴网

菜单位置：主菜单—轴线编辑—按钮窗口—斜交轴网

鼠标左键点按选取正交轴网左上角，弹出如下对话框，输入斜交轴网与水平方向的夹角、两方向轴线间距，其中 * 号后数字为相同间距的个数，通过间距的正负号来实现轴网任一交点可作为其定位点，靠定

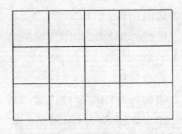

图 3-5

位点右、上方的间距为正，左、下方为负（图3-6）。

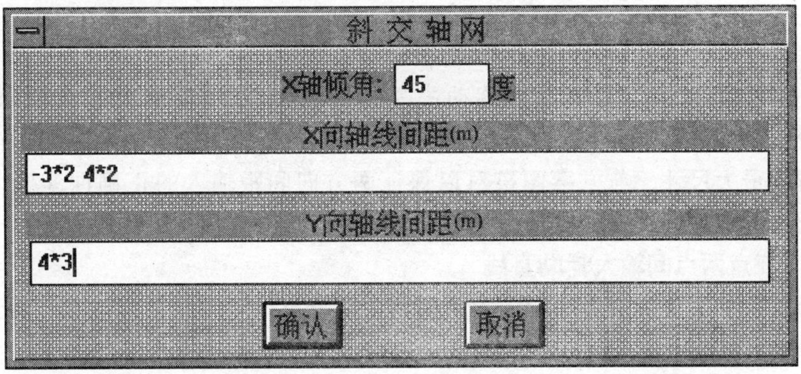

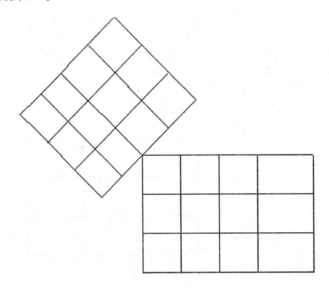

图3-6

绘图板上出现图3-7。

图3-7

3.2.4 圆弧轴网

菜单位置：主菜单—轴线编辑—按钮窗口—圆弧轴网

先用鼠标左键或键盘确定圆心，弹出对话框输入第一条径向轴网线与水平夹角，第一条弧线半径、极坐标两个方向的间距。其中*号后数字为相同间距的个数，第一条和最后一条径向轴线夹角小于360°。

3.2.5 插入轴网线

菜单位置：主菜单—轴线编辑—按钮窗口—加轴网线

鼠标左键点按一轴网线，输入所插入轴网线离此轴网线的距离。在该线之右或之上插入轴线，输入正数，之左或之下插入，输入负数。

3.2.6 移动轴网线

菜单位置：主菜单—轴线编辑—按钮窗口—移轴网线

鼠标左键点按需移动的轴网线，输入要移动的距离，右或上方向为正，左或下方向为负。

3.2.7 检查轴网间距输入的正确性

按 F8 切换，使光标沿轴网交点移动，按 ↑↓→← 键，光标走到正交轴网右上角点，此时坐标窗口 $X=18m$，$Y=12m$，为右上角点在此正交轴网局部坐标系下的坐标，表示此轴网两方向最大尺寸，与方案图核对以保证两方向间距输入的正确性，按 Tab 键切换到其他轴网，同理验证其他轴网输入间距的正确性。

3.2.8 任意两点间输入辅助直线

对体形复杂的工程或剪力墙定位中可采用"距离直线"、"延伸直线"、"两点直线"和"圆弧线"来辅助定位。

菜单位置：主菜单—轴线编辑—按钮窗口—两点直线

鼠标左键点取①②两点，出现所需的直线如图 3-8。

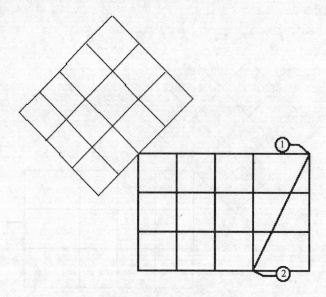

图 3-8

3.2.9 根据离直线端点距离复制辅助线

菜单位置：主菜单—轴线编辑—按钮窗口—距离直线

光标选择轴网线或辅助线左端或右端，弹出对话框输入离某一端的距离，确定第一点；移动光标再选择一点，此点有两种情况：

- 当此点选择在其他轴网线或辅助线上时，需输入距该线某一端距离以确定第二点。
- 当此点不在其他轴网线或辅助线上时，从第一点，沿与第一点所选轴网线或辅助线的垂直直线，到第二选择点间建辅助线，如果无轴网线或辅助线相交，则弹出对话框输入挑出长度，建立该长度直线。

3.2.10 平行复制辅助线

菜单位置：主菜单—轴线编辑—按钮窗口—平行直线

点选待平行复制的轴网线或辅助直线，输入相对距离即可。

3.2.11 延伸复制辅助线

菜单位置：主菜单—轴线编辑—按钮窗口—延伸直线

点按"延伸直线"，输入延伸长度，再点选轴网线或辅助直线确认哪一条线需延伸复制，最后选择一点确认延伸方向即可。

3.2.12 旋转复制辅助线

菜单位置：主菜单—轴线编辑—按钮窗口—平旋复制

点按"平旋复制"，输入旋转角度，再窗选某辅助线端点确认哪一条辅助线需旋转，最后选择一点作为旋转原点即可。

3.2.13 输入一点到某条直线的垂线

菜单位置：主菜单—轴线编辑—按钮窗口—两点直线

鼠标左键先点取一点，再第二点选择轴网线或辅助直线即可。

3.3 输 入 墙 柱

3.3.1 矩形柱

菜单位置：主菜单—平面图形编辑—剪力墙（柱）编辑—按钮窗口—轴点建柱/删墙柱

选择"轴点建柱"，点按参数窗口，输入柱截面尺寸 $B=0.4$、$H=0.6$，鼠标左键窗选所有正交和斜交轴网交点，绘图板上出现图 3-9。

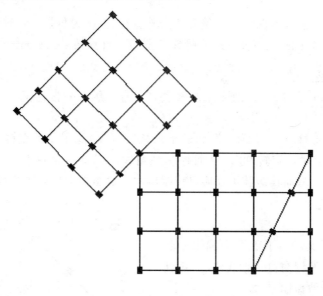

图 3-9

选择"删墙柱"，窗选删除部分矩形柱，绘图板上出现图 3-10。

3.3.2 圆柱

菜单位置：主菜单—平面图形编辑—剪力墙（柱）编辑—按钮窗口—一点建柱/轴点建柱

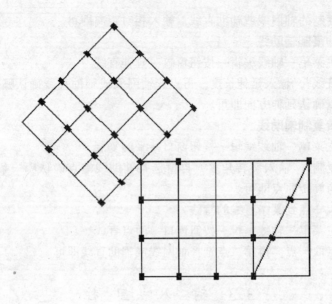

图 3-10

点按参数窗口,输入 B(直径),H=任何负数(不为零),鼠标左键点取,窗选轴网交点输入圆柱。

3.3.3 钢管柱

菜单位置:主菜单—平面图形编辑—剪力墙(柱)编辑—按钮窗口——点建柱/轴点建柱

点按参数窗口,输入 B 为负数(绝对值为外直径),H 为负数(绝对值为壁厚)。采用 SS 计算,计算结果见 reinf 文本文件;采用 SSW 计算,计算结果见 filename.ref 文本文件。

3.3.4 异形柱

菜单位置:主菜单—平面图形编辑—剪力墙(柱)编辑—按钮窗口—L 形柱/T 形柱/十形柱

分别选择"L形柱"、"T形柱"和"十形柱",此功能中鼠标左键点取已输入的 L、T、十形柱,柱将逆时针旋转 90°,从而控制柱角度,鼠标右键点取 L、T、十形柱,B、H 与 B1、H1 交换,从而长短肢可互换以控制尺寸。绘图板上出现图 3-11。

3.3.5 剪力墙

1. 输入剪力墙

菜单位置:主菜单—平面图形编辑—剪力墙(柱)编辑—按钮窗口—轴线建墙/两点建墙/距离建墙/延伸建墙

选择"轴线建墙",按 W 键切换为点选状态,鼠标左键点取轴线,绘图板上出现图 3-12。

选择"两点建墙",按"C"键,使光标处于捕捉轴线交点或内点状态,鼠标左键连

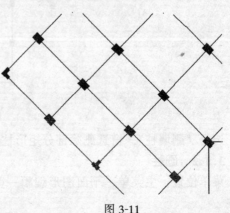

图 3-11

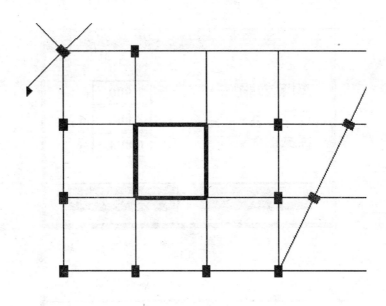

图 3-12

续点取①②③④点,再按鼠标右键,绘图板上出现图 3-13。

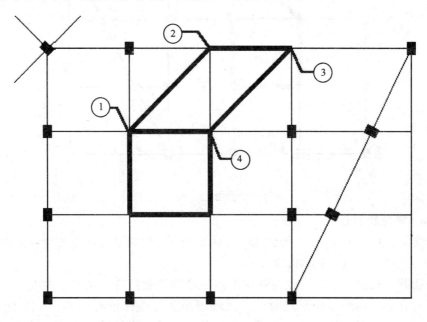

图 3-13

2. 连梁开洞

菜单位置:主菜单—平面图形编辑—墙柱编辑—按钮窗口—连梁开洞

弹出如下对话框内容,连梁宽度自动默认为墙宽,如图 3-14。

鼠标左键点按选择两段墙肢,绘图板上出现图 3-15。

注:当鼠标右键点按墙肢时,自动居中开洞。按空间薄壁杆系计算理论要求,为避免剪力墙封闭,所有门洞都采用连梁开洞。

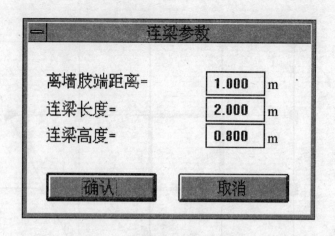

图 3-14

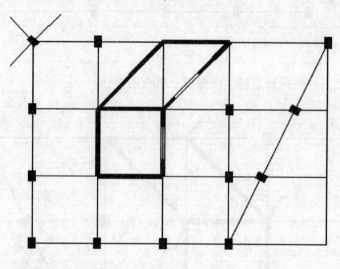

图 3-15

3.3.6 墙柱的偏心

菜单位置：主菜单—平面图形编辑—墙柱编辑—按钮窗口—修改墙柱—X向左平/X向右平/Y向下平/Y向上平/偏心对齐

指定墙肢、柱的上下左右边与轴网线的距离即平收距离，墙肢、柱的上下左右边根据墙柱所在轴网局部坐标来判断，当两轴网相重时墙柱依附于其中一个优先轴网，当建墙柱时按 Tab 键切换到某一轴网，此轴网具有最优先被选择权利。当一墙柱不靠近任何轴网线时，不能指定其平收关系，用"移柱"或"偏心对齐"功能移动其位置。

点按选择"X向左平"，窗选墙柱确立墙柱左边线与轴网线的距离；
点按选择"X向右平"，窗选墙柱确立墙柱右边线与轴网线的距离；
点按选择"Y向下平"，窗选墙柱确立墙柱下边线与轴网线的距离；
点按选择"Y向上平"，窗选墙柱确立墙柱上边线与轴网线的距离。

最后绘图板上出现图 3-16。

3.3.7 同一标准层内墙柱截面可变化

菜单位置：主菜单—平面图形编辑—仅修改墙柱的结构层号—按钮窗口—修改截面

在采用 SSW 计算时剪力墙不能采用此功能。

3.3.8 剪力墙端柱

在剪力墙端建柱，先分别输入墙柱，再用"连梁开洞"功能。连梁长度大于等于墙厚度并小于等于1m，梁高大于等于2m，则自动删除墙端，使墙端与柱之间产生间隙，并自动用连梁连接，最后生成施工图时，梁

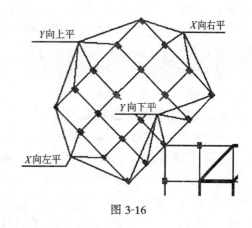

图 3-16

位置自动成为剪力墙的一部分，在施工图中柱处的暗柱总钢筋大于柱的纵筋总面积和墙端暗柱面积之和，可根据经验适当减少，CAD自动处理时没有考虑墙端暗柱面积，请工程师人工处理。

3.3.9 关于异形柱进入 SS、SSW 和 TBSA 结构分析

当 L、T 和十形柱进入 SS、SSW 和 TBSA 进行结构分析时，以 L、T 和十形截面计算内力，分别按单向和双向计算配筋，正确。

3.3.10 广东异形柱设计规程的一些要求

(1) 现浇钢筋混凝土框架结构中的 T 形和 L 形截面柱，其各肢的肢长与肢宽之比不大于 4；

(2) 抗震设防烈度为 7 度及 7 度以下的地区；

(3) 轴压比限值按《混凝土结构设计规范》中的数值减少 0.05；

(4) 结构平面与刚度均匀对称，避免扭转对结构受力的不利影响，保证结构的整体抗震性能。

抗震设防烈度为 8 度和 8 度以上地区，设计时可参照天津的异形柱规程，广厦可计算和设计抗震设防烈度 6、7、8 和 9 地区的异形柱。

3.3.11 指定墙柱特定的抗震等级

菜单位置：主菜单—平面图形编辑—墙柱编辑—按钮窗口—修改墙柱—抗震等级

在总体信息中可指定整个结构墙和柱的抗震等级，若平面中某根墙和柱的抗震等级和总体信息中的不同，可在此设置，相应的计算和构造时自动处理，缺省每根墙柱的抗震等级为 -1，表示与总体信息中的设置相同。

3.4 输入主梁和次梁

3.4.1 区分主梁和次梁

为避免由于不分主次梁使梁的模型过于粗糙，可根据梁的受力情况区分主次梁，生成结构计算数据时，次梁可以进入 TBSA 和 TAT 进行结构分析，也可按连续次梁的方法进行计算，工程师在生成各计算数据前可自行选择。用 SS 或 SSW 进行结构计算，主梁进入空间结构分析，次梁则按连续次梁来计算。当按连续次梁来计算时，所输入的次梁导荷为

框架梁或墙柱上的集中力,进入空间结构分析。主梁之间搭接无主次级别,次梁由输入的先后次序决定它们之间的级别,后建的搭在先建的次梁上。井字梁和围成复杂阳台的梁应按主梁输入,进入空间分析程序中计算。

录入系统不必先输入轴线再输入主次梁,有4种快速定位方法:窗选主梁、两点主/次梁、轴线主/次梁和距离主/次梁。

3.4.2 沿轴网线建主梁

菜单位置:主菜单—平面图形编辑—梁编辑—按钮窗口—轴线主梁

选择"轴线主梁",窗选斜交和正交轴网,绘图板上出现图3-17。

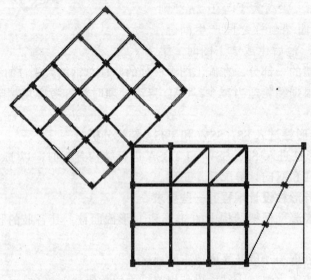

图 3-17

窗选建主梁,在有墙柱的轴网交点间建主梁,当墙柱有平收关系时,主梁自动外平。

按 W 键,光标切换为点选,点取选择线段,绘图板上出现图3-18。

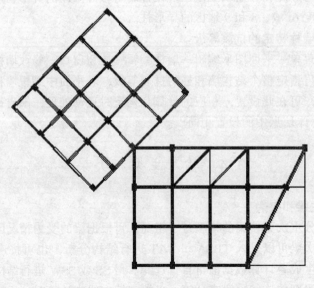

图 3-18

3.4.3 圆弧主梁

菜单位置：主菜单—平面图形编辑—梁编辑按钮窗口—轴线主梁/圆弧主梁

选择"轴线主梁"，鼠标左键再点取圆弧轴网弧线或辅助弧线即可。选择"圆弧主梁"，采用3种定圆弧方法皆可。

3.4.4 任意两点间建主梁

菜单位置：主菜单—平面图形编辑—梁编辑—按钮窗口—两点主梁

鼠标左键分别在①②和③④点取柱子，绘图板上出现图3-19。

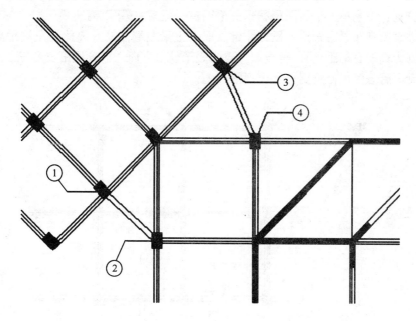

图 3-19

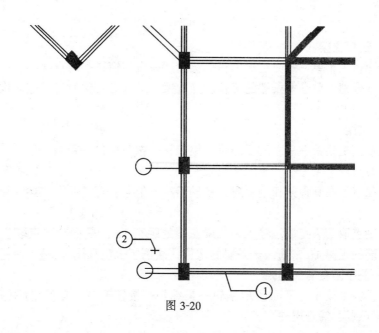

图 3-20

3.4.5 悬臂梁

1. 延伸布置悬臂梁

菜单位置：主菜单—平面图形编辑—梁编辑—按钮窗口—建悬臂梁

选取"建悬臂梁"，输入挑出长度1.5m（挑出长度为轴线到封口梁外皮的距离），鼠标左键①点取主梁，再点取一点②表示挑出方向，同理输入多个悬臂主梁，绘图板上出现图3-20。

2. 垂直定位悬臂梁

菜单位置：主菜单—平面图形编辑—梁编辑—距离主梁/距离次梁

利用垂直梁来布置悬臂梁，鼠标左键点取①主梁左端，输入离此梁左端距离2m（点取梁右端则为离梁右端距离），再点取一点②表示挑出方向，输入挑出长度1.5m，同理输入另一条无内跨悬臂梁，绘图板上出现图3-21。

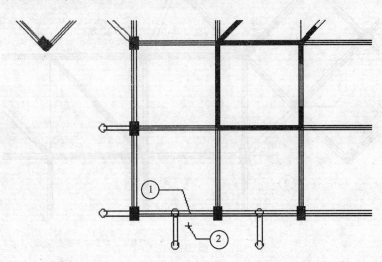

图3-21

3.4.6 封口次梁

菜单位置：主菜单—平面图形编辑—梁编辑—按钮窗口—两点次梁

鼠标左键分别点取悬臂梁端的虚柱，当次梁两端为悬臂梁时自动缩进次梁半梁宽，绘图板上出现图3-22。

3.4.7 次梁

菜单位置：主菜单—平面图形编辑—梁编辑—按钮窗口—距离次梁

鼠标左键点取①梁左端，输入离此梁左端的距离1.5m，再任选②点确定布梁的方向及范围，当此点不在其他梁和墙上时，自动沿第一根梁垂直方向布次梁，绘图板上出现图3-23。

鼠标左键点取①梁左端，输入离此梁左端的距离1m，鼠标左键点取②梁右端，输入离所选梁右端的距离1m，输入一条斜的次梁，绘图板上出现图3-24。

3.4.8 复杂阳台有关的梁

菜单位置：主菜单—平面图形编辑—梁编辑—按钮窗口—悬臂梁/距离主梁/两点主梁/建圆弧梁/删梁/清理虚柱

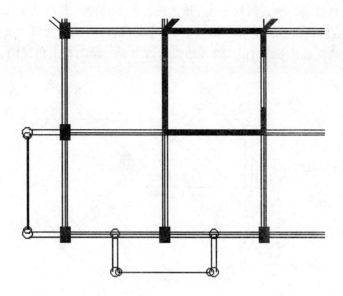

图 3-22

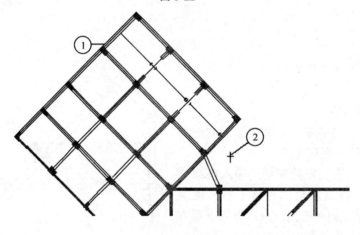

图 3-23

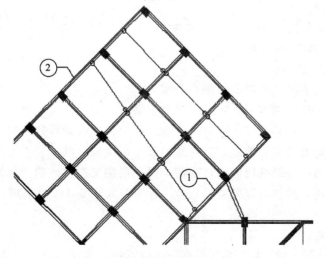

图 3-24

利用"建悬臂梁"输入两侧 1.5m 挑出长度的悬臂梁，利用"距离主梁"输入中间两根挑出长度 3m 的两虚柱，选择"两点主梁"输入封口主梁，选择"圆弧主梁"采用三点—挑出长度方法，挑出长度 1m，输入圆弧封口主梁，绘图板上出现图 3-25。

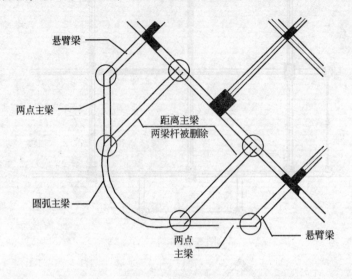

图 3-25

删除多余梁并清理虚柱，绘图板上出现图 3-26。

3.4.9 井字梁

菜单位置：主菜单—平面图形编辑—梁编辑—按钮窗口—距离主梁

鼠标左键点取一主梁左端，输入离此梁左端距离 2m，再点取第二点（不在其他梁上），确定布梁方向和范围，沿所选梁垂直方向布井字主梁；再布另一方向井字主梁，绘图板上出现图 3-27。

注：井字梁应进入空间分析计算，在生成施工图时，程序自动按次梁处理构造要求。

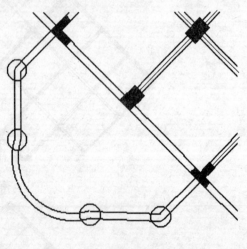

图 3-26

3.4.10 梁上托墙柱

菜单位置：主菜单—平面图形编辑—梁编辑—按钮窗口—删梁/虚柱/两点主梁/距离主梁

托剪力墙、柱的梁必须按主梁输入，录入系统在生成计算数据时自动寻找柱对应的下层节点，并自动处理相关信息。当寻找不到下节点或自动处理不对时，需手工在前一层添加虚节点。当后一标准层的墙柱由前一标准层梁支托时，前一标准层梁上，在离所托墙柱定位点处建一虚柱（误差＜0.1m），若误差大于 0.1m 可采用"移柱"菜单移动虚柱。

3.4.11 梯梁

输入时同其他梁一样，用"修改标高"修改梁相对本层标高（负值），计算时仍按建

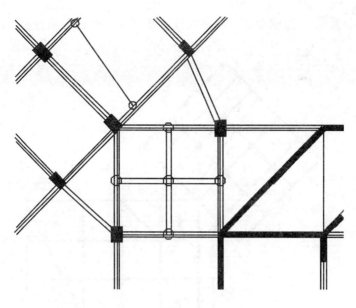

图 3-27

筑层平面内近似计算，施工图上此梁不会与左右梁连续编号。

3.4.12 指定梁特定的抗震等级

菜单位置：主菜单—平面图形编辑—梁编辑—修改梁—按钮窗口—抗震等级

在总体信息中可指定整个结构梁的抗震等级，若平面中某根梁的抗震等级和总体信息中的不同，可在此设置，相应的计算和构造时自动处理，缺省每根梁的抗震等级为 -1，表示与总体信息中的设置相同。

3.4.13 指定框支梁地震作用放大系数

菜单位置：主菜单—平面图形编辑—梁编辑—修改梁—按钮窗口—内力增大

设置框支梁地震作用下的弯矩增大系数 1.25~1.5。

3.5 布置现浇板

3.5.1 自动布置现浇板

菜单位置：主菜单—平面图形编辑—板编辑—按钮窗口—布现浇板

点按"布现浇板"，选择"所有开间自动布置现浇板"，所有由墙、主梁、次梁围成的封闭区域自动形成现浇板，绘图板上出现图 3-28。

3.5.2 封闭区域形不成板的处理

分两步进行检查：

1．选择"主菜单-数据检查"；

2．按 F4，显示构件的连接关系图，检查封闭区域周边节点与杆件连接关系，注意每个节点显示为空心的圆圈，当有线穿过时，此线表示的杆件有问题，删除重新输入。

3.5.3 修改板厚和标高

菜单位置：主菜单—平面图形编辑—板编辑—修改板厚/修改标高

选择"修改板厚",点取参数窗口输入板厚 0.08m,点选各阳台板,绘图板上出现图 3-29。

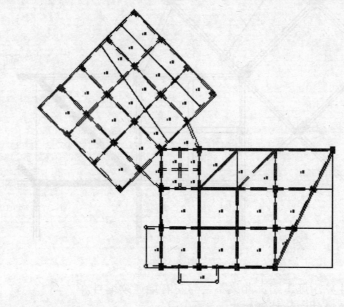

图 3-28

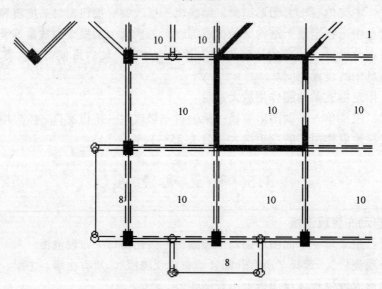

图 3-29

选择"修改标高",点取参数窗口输入相对标高 -0.03m,点选各阳台板,绘图板上出现图 3-30。

3.5.4 修改方案后重新布置现浇板

菜单位置:主菜单—平面图形编辑—板编辑—按钮窗口—布现浇板

在方案修改后,受影响的板要重新输入,可点按此按钮,弹出对话框,选择"光标选择布置现浇板",窗选此区域重新输入现浇板,不影响已输入墙、柱、梁、板的几何和荷载信息。

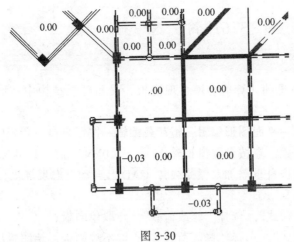

图 3-30

3.5.5 电梯间、楼梯间

菜单位置：主菜单—平面图形编辑—板编辑—按钮窗口—修改板厚/删板

修改电梯间、楼梯间位置板的板厚为零，此板只起导荷载作用。或用删板菜单，删除该板。

绘图板上出现图 3-31。

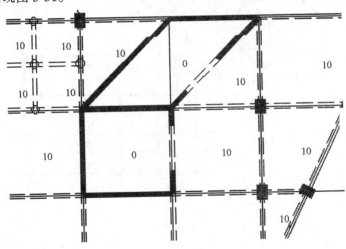

图 3-31

3.5.6 飘板

菜单位置：主菜单—平面图形编辑—梁编辑—按钮窗口—修改梁—修改截面

飘出的板外沿用虚梁（宽度 B=0）围成，所以要把外沿梁的尺寸 B 改为零，板导荷模式采用周长导荷模式。点按参数窗口，把 B 改为零，修改梁截面，绘图板上出现图 3-32。

注意：当飘板飘出长度小于 1m 时，此类飘板用 Autocad 画入，钢筋构造处理，不需在此建立。

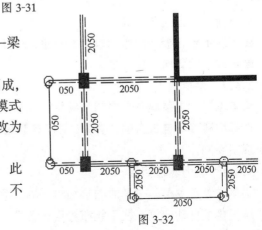

图 3-32

3.6 输入荷载

3.6.1 板荷载

除预制板外,CAD自动计算剪力墙、现浇板、梁和砖混结构中砖墙的自重,框架结构中砖墙作为荷载输入。

菜单位置:主菜单—平面图形编辑—板荷载编辑—按钮窗口—各板同载/修改荷载

选择双向板荷载模式,点按参数窗口输入 $qc=1.0\text{kN}$,$qd=1.5\text{kN}$。其中 qc 为恒载但不包含板自重(预制板自重需加入恒荷载),CAD已自动考虑现浇板自重部分荷载,qd 为活载,点按"各板同载";

选择"单向板导荷模式",选择"修改荷载",点取单向板;

选择"周长导荷模式",选择"修改荷载",点取不规则板,绘图板出现图3-33。

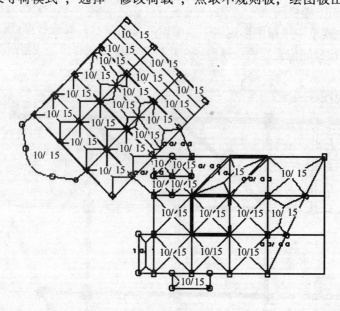

图 3-33

注意:
- 板荷载分恒载和活载
- 恒载不包含板(除预制板外)自重,CAD自动计算自重
- 恒载和活载均为标准值

3.6.2 梁荷载

菜单位置:主菜单—平面图形编辑—梁荷载编辑—按钮窗口—加梁荷载

选择均载(梁自重自动计算),点按参数窗口,输入 $q=5\text{kN}$,窗选所有梁,绘图板上出现图3-34。

3.6.3 剪力墙柱荷载

菜单位置:主菜单—平面图形编辑—墙柱荷载编辑—按钮窗口—单肢加载

墙柱自重自动计算,柱不能布置均布荷载。

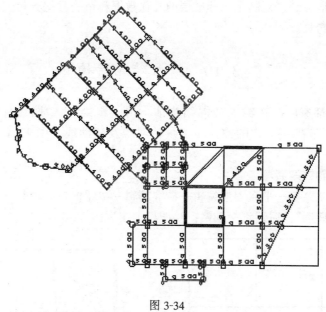

图 3-34

3.7 平面对称和平移旋转复制

菜单位置：主菜单—轴线编辑—按钮窗口—对称复制/平旋复制

对称复制：点取一轴网线或辅助线作为对称线，自动对称复制轴网、辅助线和墙柱、梁、板的几何数据及荷载数据。

平移旋转复制：窗选要平移或旋转的轴网、辅助线和墙柱梁板，并给出平移的距离或旋转的角度，然后指定原点，程序自动平移或旋转选择的构件的几何和荷载数据。当先平移后旋转时应对所选构件先进行平移，然后绕选中点旋转；旋转原点坐标为选中点平移之后的坐标位置，而非当前选中的坐标位置。

3.8 数 据 检 查

录入系统有两步数检，数检没有严重错误才可进行空间分析和楼板次梁砖混计算，警告说明见附录：

■ 菜单位置：主菜单—数据检查

编辑完每一标准层，都应进行数据检查，以检查本层数据合理性，分为警告和错误信息，错误信息必须改正，警告信息则视情况改正与否。

■ 菜单位置：主菜单—工程—生成 SS/TBSA/TAT/SSW 结构计算数据

录入系统进行导荷载，并检查竖向数据合理性。

3.9 层与层之间的复制

菜单位置：主菜单—平面图形编辑—当前标准层同哪一层

当输入一新标准层（如第二标准层）时，先选择标准层号，输入标准层 2，再利用

"当前标准层同哪一层",复制第一标准层的几何数据和荷载数据到第二标准层,初始编辑时自动提示跨层拷贝。

3.10 输入砖混结构

进入第二标准层后,在输入砖混结构前,用"删梁"、"删墙柱"、"删轴网"和"删图元"删除所有框架结构的构件和多余轴网线及辅助线,剩下如下轴网,绘图板上出现图3-35。

3.10.1 沿轴线建砖墙

菜单位置:主菜单—平面图形编辑—砖混编辑—按钮窗口—轴线砖墙

选择"轴线砖墙",窗选正交轴网,绘图板上出现图3-36。

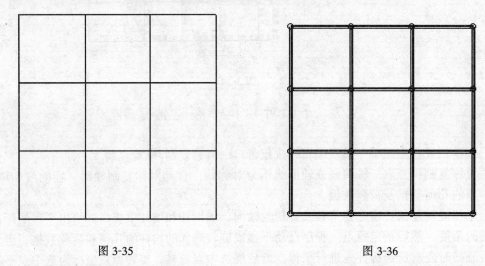

图3-35　　　　　　　　　　　　图3-36

3.10.2 砖墙偏心

菜单位置:主菜单—平面图形编辑—砖混编辑—按钮窗口—X向左平/X向右平/Y向上平/Y向下平

按砖墙所在轴网判断墙肢的上下左右边,当一砖墙不靠近任何轴网线时,不能指定其平收关系。

点按选择"X向左平",窗选砖墙确立砖墙左边线与轴网线的距离;

点按选择"X向右平",窗选砖墙确立砖墙右边线与轴网线的距离;

点按选择"Y向下平",窗选砖墙确立砖墙下边线与轴网线的距离;

点按选择"Y向上平",窗选砖墙确立砖墙上边线与轴网线的距离。

3.10.3 圈梁

菜单位置:主菜单—平面图形编辑—砖混编辑—按钮窗口—下一菜单—指定圈梁

窗选需加圈梁的砖墙,自动加上圈梁。再点选指定圈梁,则删除已有圈梁。绘图板上出现图3-37。

3.10.4 构造柱

菜单位置:主菜单—平面图形编辑—剪力墙(柱)编辑—按钮窗口——点建柱/轴点建柱

构造柱建法同普通柱，在砖混结构平面中，柱子自动为构造柱。
3.10.5 选柱材料
菜单位置：主菜单—平面图形编辑—砖混编辑—按钮窗口—下一菜单—选柱材料
点按"选柱材料"，弹出如下对话框图 3-38。
选择材料后，窗选指定构造柱的材料类型。
3.10.6 砖墙洞
菜单位置：主菜单—平面图形编辑—砖混编辑—按钮窗口—下一菜单—砖墙开洞

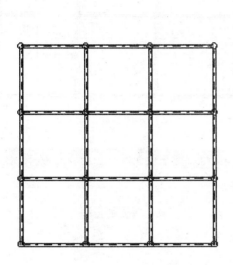
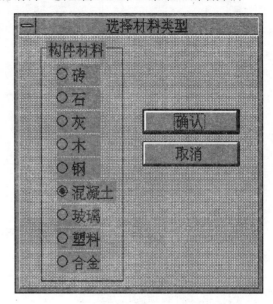

图 3-37　　　　　　　　　　　　　　　　图 3-38

点按参数窗口，弹出洞口参数，输入 $X=1$，$Y=1$，$B=1$，$H=2$；

鼠标左键点按需要开洞砖墙肢的左端或右端，当鼠标右键点按砖墙时自动居中开洞，绘图板上出现图 3-39。

3.10.7 砖墙荷载
菜单位置：主菜单—平面图形编辑—砖混编辑—按钮窗口—下一菜单—加砖墙载

此荷载不包含砖墙自重，为砖墙外荷载，墙面抹灰可在砖混总体信息中增加砌块自重来考虑其重量，不在此输入。

3.10.8 纯砖混结构平面中的梁
选择"主菜单—平面图形编辑—梁编辑—距离次梁"，按缺省值输入如图 3-40 所示的两条次梁，形成厨房和厕所开间。砖混结构平面中，纯砖混平面中 CAD 不容许有主梁，所有受力的梁都应作为次梁输入。

3.10.9 纯砖混结构平面中的悬臂梁
砖混平面所有的梁都作为次梁输入，悬臂次梁有两种输入方法，第一种方法是点按"建悬臂梁"按钮利用同方向的次梁向外延伸，第二种方法是点按"距离次梁"，利用与悬臂次梁垂直的砖墙往一侧方向挑出悬臂次梁，当单跨悬臂时常点按第二种方法，计算时按单跨悬臂次梁计算，对于伸入部分的构造做法请工程师在梁通用图中加以统一说明即可。

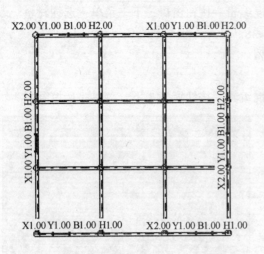

图 3-39

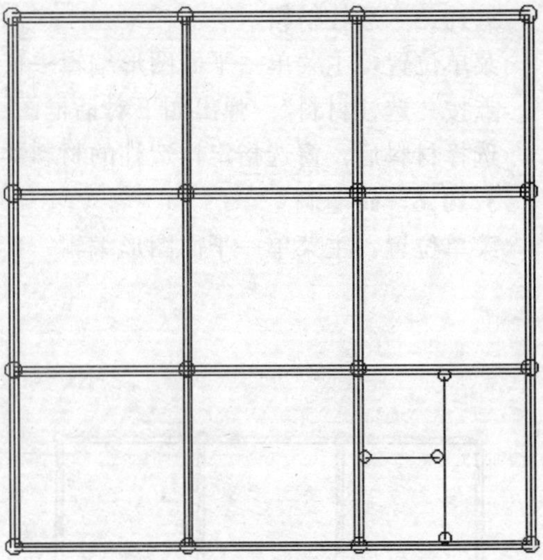

图 3-40

3.10.10 输入预制板

1. 自动布置预制板

菜单位置：主菜单—平面图形编辑—板编辑—布预制板

弹出对话框如图 3-41。

选择第二种布预制板方式。

接着弹出对话框，输入自动布板参数，自动布置所有预制板。如图 3-42。

绘图板上出现图 3-43。

2. 人工布置预制板

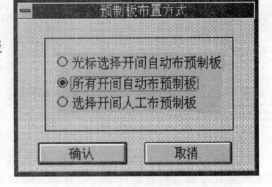

图 3-41

在布预制板方式对话框中选择"选择开间人工布置预制板"，光标点按选择开间，弹出对话框，工程师自己计算板的块数等参数。

3. 同一平面既有预制板，又有现浇板

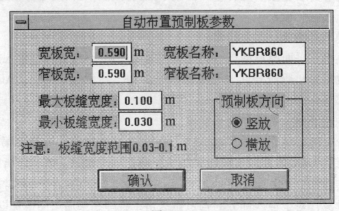

图 3-42

菜单位置：主菜单—平面图形编辑—板编辑—布置现浇板

弹出对话框，选择"光标选择布置现浇板"。窗选厨房和厕所开间，布现浇板，如图3-44。

绘图板上出现图3-45。

4．预制板荷载

菜单位置：主菜单—平面图形编辑—板荷载编辑—各板同载

点按参数窗口，把恒载值改为4，预制板自重必须当恒载输入，点按"各板同载"，选择只改荷载值。

绘图板上出现图3-46。

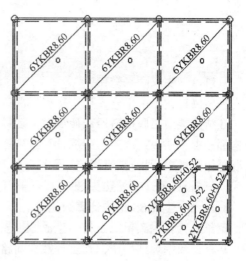

图 3-43

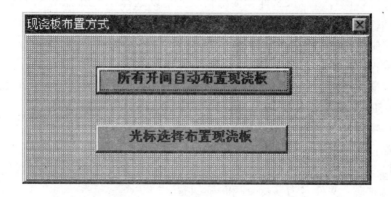

图 3-44

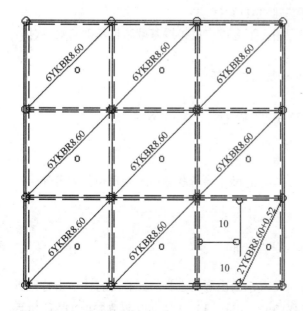

图 3-45

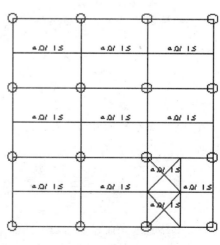

图 3-46

3.11 生成结构计算数据

3.11.1 生成砖混数据

菜单位置：主菜单—工程—生成砖混数据

在结构类型为底框砖房或砖混时，选择此菜单。在工程数据同路径下自动导荷。砖混结构部分由"楼板、次梁、砖混计算"来进行抗震验算和受压验算。底框部分自动生成在砖混总体信息中所指定底框计算程序的几何和荷载数据文件，SS 的几何和荷载数据文件名为 ww.dat；不管有无购买 SS，都可采用 SS 计算小于等于 3 层框架结构。

3.11.2 生成 SS 结构计算数据

菜单位置：主菜单—工程—生成 SS 结构计算数据

在框架和框剪结构中，在工程数据同路径下自动导荷并生成广厦建筑结构计算 SS 的几何和荷载数据，文件名为 ww.dat。此时不能同时去选择"生成 TBSA 计算数据"或"生成 TAT 计算数据"，否则 SS 计算会出错，但可以选择"生成 SSW 计算数据"和"生成基础 CAD 数据"。

3.11.3 生成 TBSA 结构计算数据

菜单位置：主菜单—工程—生成 TBSA 结构计算数据

在框架和框剪结构中，在工程数据同路径下自动导荷并生成 TBSA 几何数据 ww.str、荷载数据 ww.lod，和特殊参数定义 ww.des 三文件。

3.11.4 生成 SSW 结构计算数据

菜单位置：主菜单—工程—生成 SSW 结构计算数据

在框架和框剪结构中，在工程数据同路径下自动导荷并生成广厦建筑结构计算 SSW 的几何和荷载数据，文件名为 ww.str 和 ww.lds。

3.11.5 生成广厦基础 CAD 数据

菜单位置：主菜单—工程—生成广厦基础 CAD 数据

在进行基础设计前，必须在工程数据同路径下生成广厦扩展基础和桩基础 CAD 数据：生成首层剪力墙和柱定位图。

扩展和桩基础文件名为 ww.fod，弹性地基梁和筏基为 ww.bbs。

3.12 寻找某编号的剪力墙柱、梁板和砖墙

菜单位置：主菜单—平面简图—按钮窗口—寻找构件

用于确定某编号构件的位置，方便修改构件的尺寸和荷载，以及处理构件的警告、错误信息。

3.13 打印简图

录入系统具有"所见即所得"功能，屏幕显示的内容可选择"工程—打印"由打印机打印或选择"工程—生成 DWG 图形"生成 Autocad12、14 和 R2000 版兼容的 DWG 格式

文件，图形文件下方自带说明。

3.13.1 控制字符大小

菜单位置：主菜单—平面简图—按钮窗口—缩放字高

以当前字的大小为基础，设置缩放比例。

3.13.2 墙柱、梁板编号

菜单位置：主菜单—平面简图—按钮窗口—显柱编号/显梁编号/显板编号

C代表柱编号，W代表墙编号，BW代表砖墙编号，B代表SS梁号，T代表TBSA、TAT梁号，S代表板号。

3.13.3 剪力墙柱、梁板和砖墙尺寸

菜单位置：主菜单—平面简图—按钮窗口—显墙尺寸/显梁尺寸/显板厚度如图3-47。

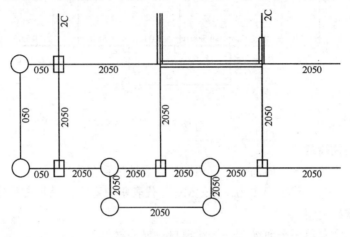

图 3-47

3.13.4 板荷载

菜单位置：主菜单—平面简图—按钮窗口—显板荷载

板上显示：恒载值/活载值如图3-48。

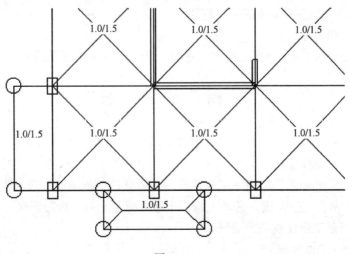

图 3-48

3.13.5 梁荷载

菜单位置：主菜单—平面简图—按钮窗口—显梁荷载

q 代表均载，Q/L 代表集中力，Q1/L1/Q2/L2 表示分布载如图 3-49。

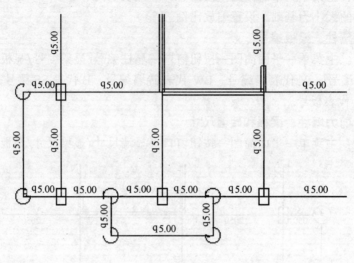

图 3-49

3.13.6 墙柱荷载

菜单位置：主菜单—平面简图—按钮窗口—显墙柱荷载

q 代表均载，Q/L 代表集中力，Mx/My/L 代表集中弯矩，满足右手法则。

3.13.7 墙柱材料

菜单位置：主菜单—平面简图—按钮窗口—显柱材料

3.13.8 打印机直接打印

1. 设置打印机和纸张大小。
2. 打印预览。
3. 放大，平移图形，缩放字高。
4. 打印预览认为图形摆放好后，打印。

3.13.9 打印总体信息

点按"广厦建筑结构CAD主菜单—查看SS/SSW计算结果总信息"。

3.14 功 能 键

功能键提示在"主菜单—帮助—关于功能键"。

3.14.1 W－切换窗选

如：主菜单—平面图形编辑—墙柱编辑—按钮窗口—删墙柱，缺省为窗口选择，十字光标左上角有"W"，按W键，移动光标，十字光标左上角"W"消失，由窗选切换到单选，点按单个对象删除柱或某段墙肢。

3.14.2 C－切换捕捉

如：主菜单—平面图形编辑—墙柱编辑—按钮窗口—一点建柱，缺省为光标捕捉轴线交点和墙柱梁内点状态，按 C 键，光标将以任意点定位，不捕捉附近的轴网交点和内点。

3.14.3 Undo 恢复

当操作失误，可按"U"键，取消此误操作，可返回3步。

3.14.4 Redo 前进操作

可按"R"键，可前进3步操作。

3.14.5 其他热键

F2——弹出坐标窗口，输入坐标，把光标定位到所指位置；

F4——显示构件连接的节点图，工程师可检查构件的连接关系；

F5——切换在画板上显示轴网和隐去轴网；

F6——弹出步长窗口，设置自由移动步长；

F8——按"↑↓←→"键移动光标时，按 F8，可切换在轴网交点上的轴线移动还是按指定步长的自由移动；

Tab 键——在多个轴网间进行切换。

3.15 使 用 技 巧

3.15.1 利用距离次梁功能测梁长或墙肢长

选中"距离次梁"菜单后，光标点梁或墙肢，则弹出梁或墙肢一半长度，乘2，即为梁长或肢长。而当光标点梁或墙肢内点时，则显示此内点离梁左或右端距离。

3.15.2 删柱后重新建柱不需要删梁

删柱后在原位建其他类型柱，与原柱有关的主梁不需要重新建立。

3.15.3 利用连梁开洞功能输入小墙肢

剪力墙尽量沿轴线成片输入，然后用"连梁开洞"功能断开剪力墙，得到小墙肢。同时也可用"连梁开洞"功能缩短剪力墙长度。

3.15.4 Autocad 与广厦的接口

Autocad 和任何以 Autocad 为平台开发的 CAD 所输入的直线和圆弧线可传入广厦结构录入系统，并成为其中的辅助线，以辅助线来定位的构件不能采用"X 向左平"、"X 向右平"、"Y 向上平"和"Y 向下平"来定位，可以采用"偏心对齐"定位，此功能对复杂工程有方便之处，工程简单没必要采用。

此接口软件及其说明见广厦设计网www.gscad.com.cn，可免费下载，接口软件只支持 Autocad14。

第4章 广厦楼板、次梁和砖混计算教程

4.1 进入楼板、次梁和砖混计算

菜单位置：广厦建筑结构CAD主菜单—楼板、次梁和砖混计算

计算楼板、次梁、砖混前必须在录入系统中生成结构计算数据，若有警告，需处理严重的警告，完成导荷，然后再选择此菜单。如果录入系统已生成结构计算数据并已导荷，进入楼板、次梁和砖混计算系统时自动形成楼板、次梁和砖混计算数据，并自动计算所有标准层楼板和次梁的内力及配筋，砖混部分进行抗震验算和受压验算；如果又回到录入系统里修改后，重新生成结构计算数据，则会重新进行此计算，若没有修改或没有生成计算数据则会自动调上一次的楼板次梁砖混计算数据。

若不干预或不查看计算结果，可直接退出楼板次梁砖混计算模块即可。

砖混计算简图请在此系统中生成DWG文件打印。

4.2 抗 震 验 算

菜单位置：主菜单—砖混计算—抗震验算

给出抗震验算的结果：抗力和荷载效应比，蓝色数据为各大片墙体（包括门窗洞口在内）的验算结果，而黑色数据为各门窗间墙段的结果。当没有门、窗、洞时两结果相同。当大于等于1时，满足抗震强度要求，当小于1时，此时整片墙抗震验算结果后显示按计算得到的该墙体层间竖向截面中所需水平钢筋的总截面面积（单位为cm^2），供用户作配筋时使用。

图形下面标出的内容是：

G——该层的重力荷载代表值（kN）；

F——该层的水平地震作用标准值（kN）；

V——该层的水平地震剪力（kN）；

LD——地震烈度；

GD——楼面刚度类别；

M——本层砂浆强度等级；

MU——本层砌块强度等级；

D_{x2}/D_{x1}——X向侧移刚度比；

D_{y2}/D_{y1}——Y向侧移刚度比。

4.3 受压验算

菜单位置：主菜单—砖混计算—受压验算

给出受压验算的结果：抗力和荷载效应比，蓝色数据为各大片墙体（包括门窗洞口在内）的验算结果，而黑色数据为各门窗间墙段的结果。

4.4 砖墙轴力设计值

菜单位置：主菜单—砖混计算—砖墙轴力

给出轴力设计值，(kN/m)，蓝色数据为各大片墙体（包括门窗洞口在内）每延米轴力设计值，而黑色数据为各门窗间墙段的结果。

4.5 砖墙剪力设计值

菜单位置：主菜单—砖混计算—砖墙剪力

给出剪力设计值（kN），蓝色数据为各大片墙体（包括门窗洞口在内）剪力设计值，而黑色数据为各门窗间墙段的结果。

4.6 底框计算考虑砖混水平力

底框计算时已按刚度分布考虑上部砖房地震作用产生的水平力和倾覆力矩；若要考虑上部砖房风荷载作用，请把SS总体信息中的基本风压设的足够大使SS计算结果总信息中的总风荷载大于实际风荷载。

4.7 修改板边界条件

菜单位置：主菜单—楼板计算—修改边界条件—按钮窗口—简支/固支/自由边界

当选择"工程名"，自动计算所有标准层的楼板时，系统自动按相邻板的标高差值判断边界条件，小于等于2cm为固支，否则为简支，形成缺省边界条件，当工程师需要强行修改某块板的边界条件时，先在按钮窗口点按选择简支/固支/自由边界，再在绘图板上点取某块板的边界，再选择"主菜单—楼板计算—楼板计算—按钮窗口—自动计算"，重新计算所调入标准层的所有楼板。

4.8 指定屋面板

菜单位置：主菜单—楼板计算—修改边界条件—按钮窗口—屋面板

点取板，指定其为屋面板，板上显示W，再点取此板，取消其为屋面板。当板为屋面板时，在梁表中，纵筋锚固长度将不同，平法中板、梁号前加W表示，在配筋系

"主菜单—参数控制信息—施工图控制"中可设定某结构层为天面，此层所有板自动为屋面板。

4.9 计算连续板

菜单位置：主菜单—楼板计算—楼板计算—按钮窗口—连板计算

光标点按选择两点，两点为端点的线段所跨过的板在此线方向的弯矩和配筋按板带计算得到，计算方法见广厦建筑结构CAD系统说明书附录3。

4.10 增大板底筋和次梁支座调幅

菜单位置：主菜单—参数设置

设置板底筋缩放系数和次梁支座调幅系数，板底筋缩放系数只影响底筋而不影响板支座负筋，次梁支座调幅系数影响支座弯矩，跨中弯矩重新求。点按"主菜单—楼板计算—楼板计算—自动计算"，计算当前标准层楼板的内力和配筋，点按"主菜单—次梁计算—计算次梁"，计算当前标准层次梁的内力和配筋。在选择"主菜单—工程—工程名"之前设置板底筋缩放系数和次梁支座调幅系数将影响所有标准层次梁和板的结果。

第5章 广厦结构计算 SS 教程

5.1 计算剪力墙柱和主梁的内力和配筋

菜单位置：广厦建筑结构 CAD 主菜单—结构计算 SS

SS 计算前必须在录入系统中选择"生成 SS 计算数据"，若有警告，处理严重的警告，完成导荷，此后不能再选择"生成 TBSA 计算数据"、"生成 TAT 计算数据"和"生成 SSW 计算数据"，否则会影响 SS 计算数据，但可以选择"生成基础 CAD 数据"。

选择此菜单，出现如下对话框，选择"是"，计算整个工程剪力墙柱和主梁的内力和配筋。出现"计算完毕"，即可退出（图5-1）。

图 5-1

5.2 计算出错原因

SS 计算出错时，可参照下列步骤检查原因：

1. 录入系统菜单位置：主菜单—数据检查

编辑完每一标准层，都要进行数据检查，检查平面数据合理性，分为警告和错误信息，错误信息必须改正，警告信息则视情况而定。

2. 录入系统菜单位置：主菜单—生成 SS/TBSA/SSW 结构计算数据

录入系统进行导荷载和竖向数据合理性检查，分为警告和错误信息，错误信息必须改正，警告信息则视情况而定。

3. 出现 CP—01 错误，检查是否机上有 CIH 病毒。若有 CIH 病毒，请在清除病毒后，重新安装广厦结构 CAD。

4. 若井字结构较多，当某一标准层最大柱号（包括虚柱）超过 SS 的解题能力时，请选择"内存设置"。SS 解题能力如下。

5.3 SS 的解题能力

SS 程序中，剪力墙用薄壁柱模型，采用有限元位移法求解。

为了提高计算速度，程序中各种数据的存放，都以内存为主，不同内存有不同的解题能力，具体如下：

16M 内存：
　　结构层数≤50；
　　标准层数≤15；
　　每层梁数≤550；
　　每层柱（墙）数≤230。
128M 内存：
　　结构层数≤100；
　　标准层数≤30；
　　每层梁数≤1500；
　　每层柱（墙）数≤800。

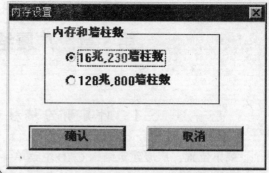

图 5-2

以上各内存的解题能力，不排除采用虚拟内存，即 16M 内存用 128M 内存版本求解，但速度相对要慢。如需要，可以给出解题能力更强，规模更大的版本见图 5-2。

5.4 外 荷 载

程序允许的外荷载有恒荷载、活荷载、风荷载和地震作用。其中活荷载、风荷载和地震作用按不利情况对杆件进行内力组合，组合的方式见 SS 说明书。

5.5 内力组合和配筋

在本工程目录下文本文件"REINF"提供剪力墙、柱和主梁的内力和配筋。

内力组合及配筋的形式参见说明书《高层建筑空间结构分析程序 SS》。梁的配筋率不能超过 2.5%。柱的轴压比控制中，超过规范要求时只在超筋信息中显示出来，没有对配筋作控制。

异形柱的配筋计算采用单向非对称计算方法，按照《钢筋混凝土结构构件计算》一书的内容编制的，该书是由规范修改者之一，哈尔滨建筑大学的王振东教授等编写的。书中对异形柱的配筋有较详细的分析与计算。除此之外，还对异形柱作双向弯压验算，其结果与广东省异形柱规程和天津市异形柱规程相符。

5.6 SS 计算结果总信息

在本工程目录下文件"MODES"中提供计算总信息、风、重量、地震、位移、剪重比、侧向刚度、稳定性验算、倾覆力矩、罕遇地震作用下薄弱层验算、楼层层间抗侧力结构的承载力等结果。

MODES 为文本文件，可点按"广厦结构 CAD 主菜单"中"查看 SS 计算结果总信息"或用 WINDOWS 下的写字板查阅。

5.7 每层柱（墙）的组合内力

在本工程目录下文件"COLNMV"中，按 y 方向和 x 方向给出。COLNMV 为文本文件，可用 WINDOWS 下的写字板查阅。广厦基础 CAD 可读取此文件用于基础计算，该文件包含：
1. 柱转角角度 α（ALPHA）；
2. 内力组合结果。

5.8 超筋信息

当计算完成后，请查阅本工程目录下文件"BCWE"，它列出了各种超筋信息。其中以受压区高度 $x>\xi_b h_0$ 和受剪截面不符合规范要求为主，具体条文参见说明书《高层建筑空间结构分析程序 SS》。BCWE 为文本文件，可用 WINDOWS 下的写字板查阅，也可点按"广厦建筑结构 CAD 主菜单—图形方式查看计算结果—主菜单—按钮窗口—超限信息"按钮直接访问 BCWE。

5.9 出错信息

当计算无法进行时，可查阅本工程目录下文件"DATERR"，它给出了原始数据的警告信息。DATERR 为文本文件，可用 WINDOWS 下的写字板查阅。警告信息的详细说明见 SS 计算说明书。

第6章 广厦结构计算 SSW 教程

6.1 计算剪力墙柱和主梁的内力和配筋

菜单位置：广厦建筑结构 CAD 主菜单—结构计算 SSW

SSW 计算前必须在录入系统中选择"生成 SSW 计算数据"，若有警告，需处理严重的警告，完成导荷，此后不能再选择"生成 TBSA 计算数据"、"生成 TAT 计算数据"和"生成 SS 计算数据"，否则会影响 SSW 计算数据，但可以选择"生成基础 CAD 数据"。

图 6-1

选择此菜单，出现如图 6-1 的对话框，选择"是"，计算整个工程剪力墙柱和主梁的内力和配筋。出现"计算完毕"，即可退出。

6.2 计算出错原因

SSW 计算出错时，可参照下列步骤检查原因：

1）录入系统菜单位置：主菜单—数据检查

编辑完每一标准层，都要进行数据检查，检查平面数据合理性，分为警告和错误信息，错误信息必须改正，警告信息则视情况而定。

2）录入系统菜单位置：主菜单—生成 SSW 结构计算数据

录入系统进行导荷载和竖向数据合理性检查，分为警告和错误信息，错误信息必须改正，警告信息则视情况而定。

3）出现 CP—01 错误，检查是否机上有 CIH 病毒。若有 CIH 病毒，请在清除病毒后，重新安装广厦结构 CAD。

4）若井字结构较多，当某一标准层最大柱号（包括虚柱）超过 SSW 的解题能力时，请选择"内存设置"。SSW 解题能力如下。

6.3 SSW 的解题能力

SSW 计算过程中，数据动态分配为主，其计算规模一般不受限制，每层墙柱数可达 1000 个，SSW 以 32M 内存为基础，当内存不够用时，屏幕上会显示出：

致命错误

要求公用单元块＝xxxx

可用公用单元块＝xxxx

此警告产生原因是 SSW 程序本身开的计算数组不够大，请选择"内存设置"菜单设置更大的内存，SSW760.exe 需硬盘剩余空间 2G 字节。

1. 计算总层数≦300；
2. 地震作用方向数≦8；
3. 每层剪力墙墙元数≦300；
4. 地震振型数不限。

6.4 内力组合和配筋

在本工程目录下文本文件"Filename.ref"提供剪力墙、柱和主梁的内力和配筋。内力组合及配筋的形式参见说明书《高层建筑三维（墙元）分析程序 SSW》。梁的配筋率不能超过 2.5%。柱的轴压比控制中，超过规范要求时只在超筋信息中显示出来，没有对配筋作控制。

异形柱的配筋计算采用单向非对称计算方法，按照《钢筋混凝土结构构件计算》一书的内容编制的，该书是由规范修改者之一，哈尔滨建筑大学的王振东教授等编写的。书中对异形柱的配筋有较详细的分析与计算。除此之外，在《广厦配筋系统》中还对异形柱作双向弯压验算，其结果与广东省异形柱规程、天津市异形柱规程等相符。

6.5 SSW 计算结果总信息

在本工程目录下文件"Filename.mds"中，提供计算总信息、风荷载、层的重量和形心、静载分析的位移、动力分析结果、剪重比、侧向刚度比值、稳定性验算、倾覆力矩、罕遇地震作用下薄弱层验算、楼层层间抗侧力结构的承载力等。

Filename.mds 为文本文件，可点按"广厦结构 CAD 主菜单"中"查看 SSW 计算结果总信息"或用 WINDOWS 下的写字板查阅。

6.6 每层柱（墙）的组合内力

在本工程目录下文件"Filename.cln"中，按 y 方向和 x 方向分别给出。Filename.cln 为文本文件，可用 WINDOWS 下的写字板查阅。广厦基础 CAD 可读取此文件用于基础设计，内容包括：

1. 柱转角角度 α（ALPHA）；
2. 内力组合结果。

6.7 超筋信息

当计算完成后，请查阅本工程目录下文件"Ref.err"，它列出了各种超筋信息，具体条文参见《高层建筑三维（墙元）分析程序 SSW》。Ref.err 为文本文件，可用 WINDOWS 下的写字板查阅，点按"广厦建筑结构 CAD 主菜单—图形方式查看计算结果—主菜单—按钮窗口—超限信息"按钮可直接访问 Ref.err。

第7章 广厦计算结果显示教程

7.1 进入计算结果显示

菜单位置：广厦建筑结构CAD主菜单—图形方式查看计算结果

进入计算结果显示之前须先进行"广厦楼板、次梁和砖混计算"和"广厦结构计算SSW"或"广厦结构计算SS"，点按"图形方式查看计算结果"进入结果显示并自动调入前面指定工程，计算结果显示只读取SS或SSW空间分析结果，不读取其他空间分析程序结果。

注意：此系统中柱（包括异形柱）的配筋是单向计算结果，不包含双向验算结果，而施工图系统中显示的柱（包括异形柱）配筋包含双向验算结果；

注意：此系统中柱（包括异形柱）的配箍面积是不包含梁柱节点验算结果，当配筋系统中设置了"梁柱节点验算"时，施工图系统中显示的柱（包括异形柱）配箍面积包含梁柱节点验算结果；

此系统中梁跨中配筋面积不包含梁挠度和裂缝验算结果，当配筋系统中设置了"梁挠度裂缝超限增加钢筋"时，施工图系统中显示的跨中配筋面积已包含梁跨中挠度裂缝验算的结果。

所以送审的柱和梁配筋面积简图应在施工图系统中打印，此处显示的计算结果供结果分析之用。

7.2 打开楼面图

菜单位置：主菜单—窗口—楼面图
选择此菜单，并把平面施工图窗口最大化，缺省状态下调入的是第一结构层。

7.3 图形的移动和缩放

以下功能结合使用可以方便地浏览施工图某一部分的内容。
广厦计算结果显示有4个图形平移功能：

1. 鼠标左键点按小窗口，所选此点显示在屏幕中间，按TAB与缩放功能切换（常用）；
2. 按键盘→←↑↓键，施工图按75%往右左下上移动（常用）；
3. 使用按钮窗口中的平移功能，选择两点确定移动距离（常用）；
4. 鼠标左键点按绘图板窗口右边和下边的滚动条（不常用）。

广厦计算结果显示有 4 个图形缩放功能：

1. 鼠标左键点按小窗口，选择两点，两点所框的图形显示在屏幕上，按 TAB 与平移功能切换（常用）；
2. 使用按钮窗口中的放大功能（常用）；
3. 使用按钮窗口中的显示全图，再使用按钮窗口中的放大功能（常用）；
4. 鼠标左键点按绘图板窗口左下角的缩放窗口，输入窗口缩放比例（此比例不是施工图的比例尺）（不常用）。

7.4 显示楼板配筋

菜单位置：主菜单—按钮窗口—显板配筋
显示板 1m 范围配筋面积，单位为 cm^2。

7.5 显示楼板弯矩

菜单位置：主菜单—按钮窗口—显板配筋
显示每板板边、板中弯矩，单位为 kN·m。

7.6 显示柱配筋

菜单位置：主菜单—按钮窗口—显柱配筋（单向计算结果，不包含双向验算结果）（图 7-1）。

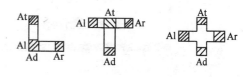

图 7-1

1. 矩形柱时，显示单边配筋面积。
2. 圆柱时，显示总的纵筋面积。
3. L 形柱时，Al + Ad 为两肢相交处纵筋总面积，At 和 Ar 为端点的纵筋面积。
4. T 形柱时，At 为两肢相交处纵筋总面积，Al、Ad 和 Ar 为端点的纵筋面积。
5. 十形柱时，At、Ad、Al 和 Ar 为端点的纵筋面积。

柱配筋单位"mm^2"；中间上面数字为轴压比；下面为 X 向/Y 向（0.1m 内）的配箍面积，单位"mm^2"，零为构造配箍（剪力小于规范规定的范围，按最小配箍率配箍）；最下面是柱的剪跨比，9999 表示没有计算剪跨比；十形柱交叉部分钢筋按构造取 4D12 或 4D14；异形柱肢较长时，纵筋间距大于 300mm 时，肢中布置钢筋直径为 12 或 14 的构造纵筋，并设拉筋，拉筋间距为箍筋间距的两倍。

剪力墙显示暗柱总配筋面积、1m 范围内水平分布筋配筋面积和轴压比，水平和竖向分布筋为施工方便一般取相同结果，但水平分布筋配筋面积较大时竖向分布筋可另外构造处理，但直径不宜小于 10。

剪力墙端柱处的暗柱总钢筋大于柱的纵筋总面积和墙端暗柱面积之和，可根据经验适当减少，CAD 自动处理时没有考虑墙端暗柱面积，请工程师人工处理。

7.7 显示柱内力

菜单位置：主菜单—按钮窗口—显柱配筋
根据需要从下图中可以选择墙柱的各组内力值（图7-2）。

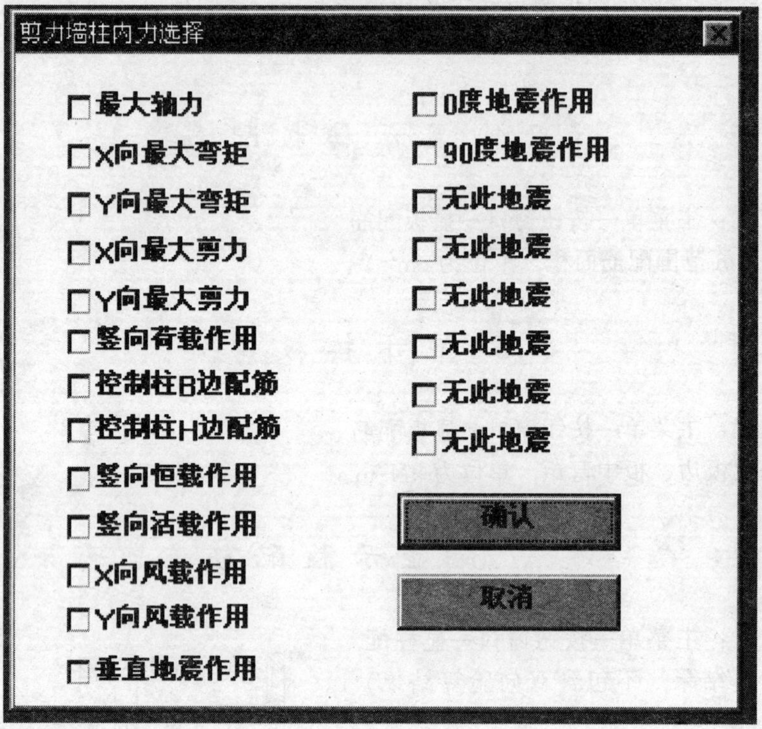

图 7-2

7.8 显示梁配筋

菜单位置：主菜单—按钮窗口—显梁配筋

$$\frac{15-6-8+2}{3-6-2/1}$$

上排数字显示本跨梁左支座、中间和右支座的负筋配筋面积，负筋"+"后为抗扭纵筋的配筋面积，下排数字是左支座、中间最大和右支座的底筋配筋面积，"/"后为0.1m范围内梁端部配箍面积，所有单位均为cm^2。梁跨中底筋配筋面积不包含挠度裂缝验算的结果。

7.9 显示梁内力

菜单位置：主菜单—按钮窗口—显梁内力
根据需要从下图中可以选择梁在各组工况下的内力值（图7-3）。

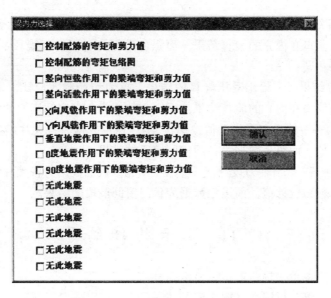

图 7-3

1. 控制配筋的弯矩和剪力值，其显示形式为：

$$\frac{-43/12/-41}{16/20/18}$$
$$44/-43$$

第一排显示本跨梁左支座、中间和右支座的负弯矩；第二排显示本跨梁左支座、中间和右支座的正弯矩；第三排显示本跨梁左支座和右支座的剪力值；如果显示有0，表示为构造。

2. 竖向恒载作用下的梁端弯矩和剪力值，其显示形式为：

$$-17M-15$$
$$23V-22$$

第一排显示本跨梁左支座和右支座的弯矩；第二排显示本跨梁左支座和右支座的剪力值。(余下各种工况下的梁端弯矩和剪力值显示格式同上)。

7.10 显示砖墙计算结果

菜单位置：主菜单—按钮窗口—砖墙结果（图 7-4）

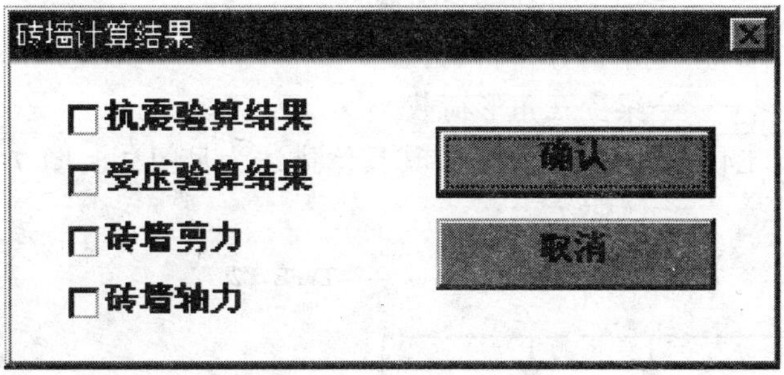

图 7-4

1. 抗震验算结果——给出抗震验算的结果：抗力和荷载效应比，蓝色数据为各大片墙体（包括门窗洞口在内）的验算结果，而黑色数据为各门窗间墙段的结果。当没有门、窗、洞时两结果相同；

2. 受压验算结果——给出受压验算的结果：抗力和荷载效应比，蓝色数据为各大片墙体（包括门窗洞口在内）的验算结果，而黑色数据为各门窗间墙段的结果；

3. 砖墙剪力——给出剪力设计值，单位 kN，蓝色数据为各大片墙体（包括门窗洞口在内）剪力设计值，而黑色数据为各门窗间墙段的结果；

4. 砖墙轴力——给出轴力设计值，单位 kN/m，蓝色数据为各大片墙体（包括门窗洞口在内）每延米轴力设计值，而黑色数据为各门窗间墙段的结果。

7.11 显示构件编号

菜单位置：主菜单—按钮窗口—显示编号

显示墙、柱、梁、板编号（图 7-5）。

图 7-5

7.12 显示荷载

菜单位置：主菜单—按钮窗口—显示荷载

梁荷载——显示导荷后梁上所有荷载（包含梁自重）

显示荷载图形表现形式：

L1/q ————————梁上均布荷载；

L2/P/a ————————梁上集中力；

L3/q/a/b/c ————————梁上对称梯形荷载；

L4/$q1$/ a/ $q2$/b ——梁上分布荷载；

L5/q/a/b ————————梁上三角形荷载。

L1、L2、L3、L4、L5 是荷载类型，其具体描述为见图 7-6、图 7-7、图 7-8、图 7-9、图 7-10。

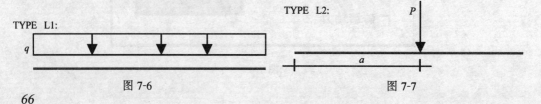

图 7-6　　　　　　　　　　图 7-7

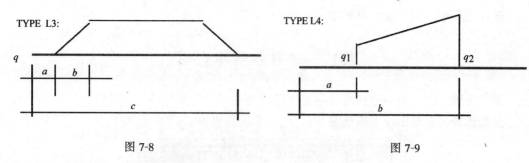

图 7-8　　　　　　　　　　　图 7-9

梁上荷载经如下步骤合并后,显示在绘图板上:

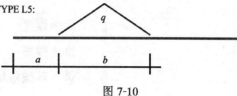

图 7-10

1. 所有活载乘上 0.98 再除以 1.35 变为恒载;
2. 所有均布荷载合并为一个荷载;
3. 所有同位置集中力合并,不同位置不能合并;
4. 其余为梁上分布荷载,对每个分布荷载循环,组成 L3、L4、L5;
5. 形状相同的 L3 合并,形状相同的 L5 合并。

板荷载——显示的荷载包含楼板自重,如:4.0/1.5,上面为恒载值,下面为活载值。

柱荷载——显示加在墙柱上的外荷载。

7.13　字　高　缩　放

菜单位置:主菜单—按钮窗口—缩放字高

对显示在绘图板上的字符字高按给出比例进行缩放。

7.14　超　限　信　息

菜单位置:主菜单—按钮窗口—超限信息

以文本方式显示空间分析后杆件超限信息,在砖和框架的混合结构中,砖墙和所有柱之间 CAD 自动加一小梁,模拟砖墙柱和砖墙砖墙之间的铰接条件,关于这些梁的超限警告可不予理会。

7.15　寻找某编号的剪力墙柱、梁板和砖墙

菜单位置:主菜单—按钮窗口—寻找构件

用于确定某编号构件的位置,方便修改某编号构件的尺寸和荷载以及处理构件的警告错误。

7.16　打　开　振　型　图

菜单位置:主菜单—窗口—振型图

选择此菜单，调入振型显示图。

7.17 选择各种振型图

菜单位置：主菜单—按钮窗口—选择振型

点按该按钮，绘图板上出现图 7-11。

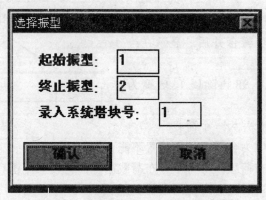

图 7-11

可以选择起始振型、终止振型，若为塔楼，可选择塔块号。

7.18 设置振型图横向比例

菜单位置：主菜单—按钮窗口—横向比例

点按该按钮，绘图板上出现图 7-12。

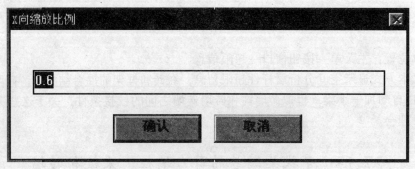

图 7-12

输入缩放比例，调整振型的横向显示比例。

7.19 打开立面图

菜单位置：主菜单—窗口—立面图

选择此菜单，显示该工程全部或选定范围立体图。

7.20 选定立面图显示范围

菜单位置：主菜单—楼面图—按钮窗口—立面范围

点按此按钮，在绘图板上通过点与点之间连线形成封闭区选定范围，再选择主菜单—立面图，绘图板上显示该所选定范围立体图。

7.21 关 于 打 印

菜单位置：主菜单—工程—打印

选择此菜单，弹出对话框如图 7-13。

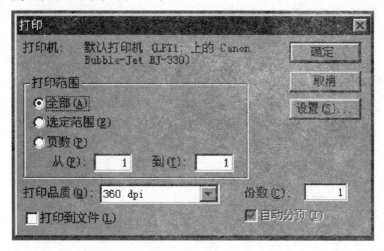

图 7-13

点按设置按钮，弹出对话框如图 7-14。

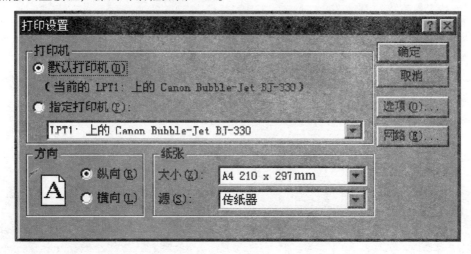

图 7-14

设置好打印机、纸张大小、出图方向等，程序将自动满纸打印绘图板上所显示全部内容。

7.22 关于转换为AUTOCAD图形

菜单位置：主菜单—工程—DWG输出

选择此菜单，弹出一对话框，输入文件名，程序自动将当前绘图板上显示内容转换为DWG格式文件。

第 8 章 广厦配筋系统教程

8.1 进入配筋系统

菜单位置：广厦建筑结构 CAD 主菜单—平法配筋/梁柱表配筋

在进行楼板次梁砖混计算和空间分析后，选择此菜单进入广厦配筋系统，出现对话框如图 8-1。

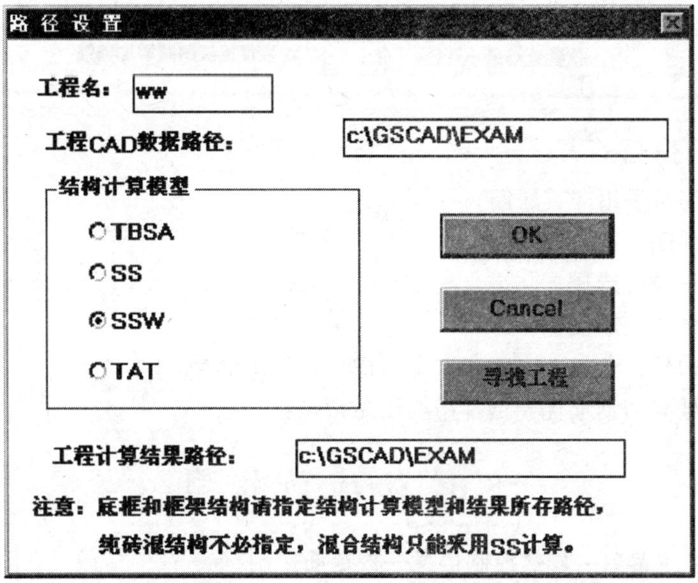

图 8-1

进入配筋系统时，已自动选择设置，若不修改点按"OK"即可。

点选"结构计算模型"，选择结构分析计算程序，另外在最下面一行"工程计算结果路径"中，输入所选择结构分析计算程序输出剪力墙、柱和主梁内力和配筋文件的路径，对于 TBSA，输入 TBSA1.out 所在路径，对于 SS，输入 Reinf 所在路径，对于 SSW，输入 Filename.ref 所在路径，对于 TAT，输入 PJ－*.out 所在路径，*表示结构层号。必须注意的是选择 SS 和 SSW 时，工程计算结果路径和工程 CAD 数据路径相同。

8.2 梁选筋控制

菜单位置：主菜单—参数控制信息—梁选筋控制

弹出对话框如图 8-2。

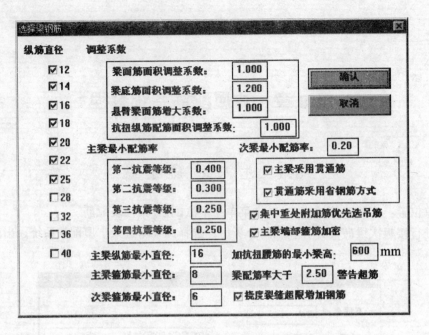

图 8-2

1. 主梁纵筋可采用非贯通筋；
2. 可增大梁底筋；
3. 梁钢筋直径可选择；
4. 可减少抗扭配筋面积；
5. 增大中边柱、角柱、主梁和次梁的最小构造配筋率；
6. 集中力处附加钢筋优先选择吊筋还是密箍。

8.3 板选筋控制

菜单位置：主菜单—参数控制信息—板选筋控制

弹出对话框如图 8-3。

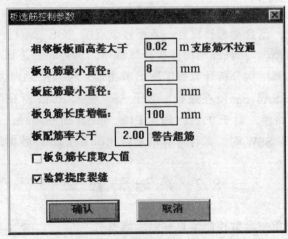

图 8-3

8.4 柱选筋控制

菜单位置：主菜单—参数控制信息—柱选筋控制
弹出对话框如图 8-4。

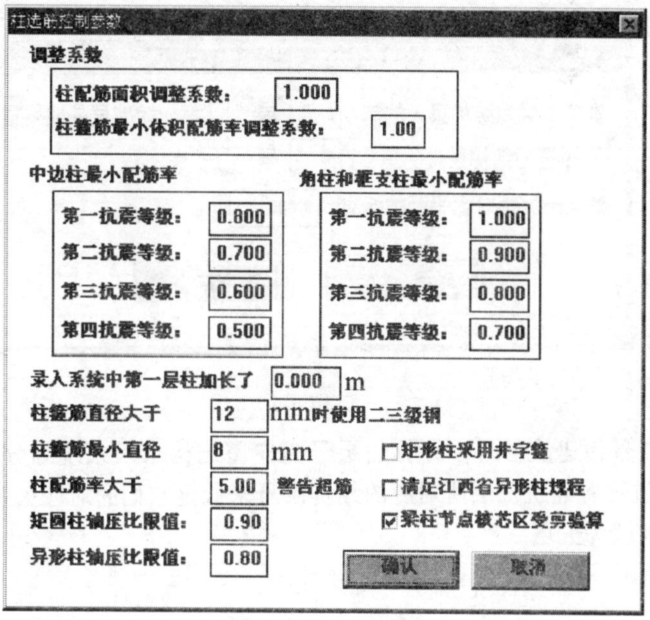

图 8-4

8.5 剪力墙选筋控制

菜单位置：主菜单—参数控制信息—剪力墙选筋控制
弹出对话框如图 8-5。

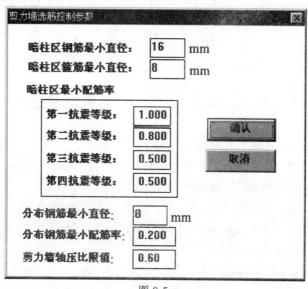

图 8-5

8.6 设置结构层和建筑层号的对应

菜单位置：主菜单—参数控制信息—施工图控制
弹出对话框图8-6。

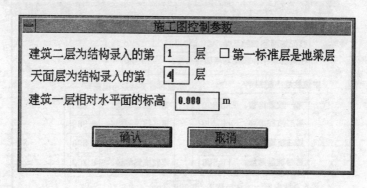

图 8-6

施工图的层号为建筑层号，计算的层号为广厦结构录入系统划分的结构层号（永远从1开始），通过输入建筑二层所对应的结构层号来确定它们的对应关系．如图8-7建筑二层所对应的结构层为五层。

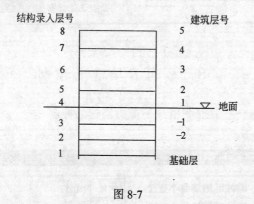

图 8-7

8.7 设置第一标准层为地梁层

菜单位置：主菜单—参数控制信息—施工图控制

当工程有地梁时，且在录入系统按第一标准层输入，请在此选择"第一标准层是地梁层"，则第一标准层对应的施工图的梁板号前加J。

8.8 生成结构施工图

菜单位置：主菜单—生成施工图

设置梁板柱的选筋控制和施工图控制后，选择此菜单，自动生成整个工程梁板柱结构施工图，为施工图系统准备数据。

8.9 警告信息

菜单位置：主菜单—显示警告信息

配筋系统警告信息文件为 Filename.wrn，用写字板可打开。警告信息分为两类：一类提示请人工选筋，此类信息只需在施工图中手工配筋即可；另一类提示超筋，此类信息需返回录入系统修改截面或边界条件。若有超筋可查看 SS 计算提供的超筋文件 BCWE 和 SSW 提供的超筋文件 REF.ERR，文件中提供超筋原因。另外，计算提供的是单排筋的配筋面积，当选筋为双排筋时，自动按梁高放大，警告配筋率超过 2.5% 时，显示单排筋的配筋率可能只有 2.1%。

第9章 广厦结构施工图教程

9.1 进入施工图

菜单位置：广厦建筑结构CAD主菜单—平法施工图/梁柱表施工图
进入施工图并自动调入前面指定的工程。

9.2 生成整个工程的DWG

菜单位置：主菜单—工程—生成整个工程的DWG
自动进行每一标准层的板、梁和柱自动归并，自调字符重叠，在当前目录下生成WW子目录（以工程名为子目录名），在WW子目录下，生成如下文件：
板钢筋图—bgj*.dwg，板配筋图—bpj*.dwg，
梁钢筋图—lgj*.dwg，梁配筋图—lpj*.dwg，
柱钢筋图—zgj*.dwg，墙柱配筋图—zpj*.dwg，
剪力墙编号图—QGJ*.dwg（梁柱表版），
墙柱定位图—qzdw*-*.dwg，
剪力墙暗柱表—AZ*T?.dwg，
剪力墙墙身表在施工图"柱归并"中屏幕右上角，
柱表—ZB?.dwg，
梁表—LB?.dwg，   ?—页号 *—建筑层号
简单工程采用"生成整个工程的DWG"，再进入Autocad进行编辑即可。

9.3 调入建筑二层平面

菜单位置：主菜单—选择层号—选择建筑层
若要修改或查看第二建筑层施工图和计算结果，弹出对话框，输入2，若为多塔结构，还须输入塔块号。

9.4 打开平面施工图

菜单位置：主菜单—窗口—平面施工图
选择此菜单，并把平面施工图窗口打开到最大。

9.5 施工图的移动和缩放

以下功能结合使用可以方便地浏览施工图某一部分的内容。

广厦结构施工图有4个图形平移功能：

1．鼠标左键点按小窗口，所选此点显示在屏幕中间，按Tab与缩放功能切换；（常用）

2．按键盘→←↑↓键，施工图按75%往右左下上移动；（常用）

3．使用按钮窗口中的平移功能，选择两点确定移动距离；（常用）

4．鼠标左键点按绘图板窗口右边和下边的滚动条。（不常用）

广厦结构施工图4个图形缩放功能：

1．鼠标左键点按小窗口，选择两点，两点所框的图形显示在屏幕上，按Tab与平移功能切换；（常用）

2．使用按钮窗口中的放大功能；（常用）

3．使用按钮窗口中的显示全图，再使用按钮窗口中的放大功能；（常用）

4．鼠标左键点按绘图板窗口左下角的缩放窗口，输入窗口缩放比例（此比例不是施工图的比例尺）。（不常用）

9.6 施工图字高

菜单位置：主菜单—参数设置—施工图字高

设置板号、梁号、柱号等字符在生成图纸时的高度，单位是mm。设置字符高度另一用处是，方便修改、编辑构件，如当平面施工图显示全图时，字符太小看不清，这时把柱号字高设一很大值，工程师可看清柱编号，方便归并操作。

9.7 板钢筋和配筋图

板钢筋施工图按标准层出图，根据录入系统标准层在"楼板次梁砖混计算"中按梁板混凝土强度等级自动细分，工程师还可在配筋系统—标准层信息中干预，进一步细分施工图标准层。每一标准层板钢筋只生成一张图。

9.7.1 归并板

菜单位置：主菜单—归并—板归并—按钮窗口—自动归并/强行归并

9.7.2 处理板施工图上字符重叠

菜单位置：主菜单—归并—板归并—按钮窗口—自调重叠/移动板筋/移字符

9.7.3 修改板钢筋

菜单位置：主菜单—归并—板归并—按钮窗口—改板钢筋

板底筋修改后，自动重算板的裂缝、挠度。

9.8 梁柱表

9.8.1 归并柱
菜单位置：主菜单—归并—柱归并—按钮窗口—自动归并/强行归并

柱归并时自动全楼归并，所以在一个标准层中进行一次就行了，点按"自动归并"，弹出对话框，输入不同柱在相同位置钢筋的控制误差范围，如 3ϕ16 与 3ϕ18 的相对误差 $=(9\times9-8\times8)/(8\times8)\approx0.25$。用第一种缩放功能，使平面施工图显示全图，并设置柱号字高，在平面图上能看清柱号，点按"强行归并"，用鼠标左键选择柱，再按鼠标右键，CAD自动整理柱编号，钢筋取大值。注意：柱归并每一工程最好只做一次，由于柱归并会使柱编号改变，不同时间多次归并时，应避免已打印输出的楼层图纸与未输出图纸的编号不一致。

9.8.2 归并梁
梁钢筋施工图按标准层出图，根据录入系统标准层在"楼板次梁砖混计算"中按梁板混凝土强度等级自动细分，工程师还可在"配筋系统—标准层信息"中干预，进一步细分施工图标准层。每一标准层梁表只生成一份图纸。

菜单位置：主菜单—归并—梁归并—按钮窗口—归并主梁/归并次梁/强行归并

点按"归并主梁"，弹出对话框，输入不同梁在相同位置钢筋的相对误差，自动归并主梁。

点按"归并次梁"，弹出对话框，输入不同梁在相同位置钢筋的相对误差，自动归并次梁。

点按"强行归并"，进一步减少连续梁编号。

9.9 03G101梁柱平法施工图

9.9.1 显示梁柱平法施工图
菜单位置：主菜单—归并—梁归并/柱归并

对所调入建筑层的梁或柱进行归并和字符重叠等处理。

9.9.2 柱表和柱截面标注
1. 柱层间归并信息

菜单位置：主菜单—参数设置—柱平面出图信息

弹出对话框如图9-1，输入要归并在一起的各层中最末一层层号，如下图表示1-5层柱出一张施工图，6-6层柱出一张施工图，柱平面钢筋图每一出图层处理一次。注意：柱归并每一工程最好只做一次，由于柱归并会使柱编号改变，不同时间多次归并时，应避免已打印输出的楼层图纸与未输出图纸的编号不一致。其他操作不受此限制。

2. 归并柱

操作同8.1

3. 同号柱只显一个截面标注

菜单位置：主菜单—归并—柱归并—按钮窗口—整理编号

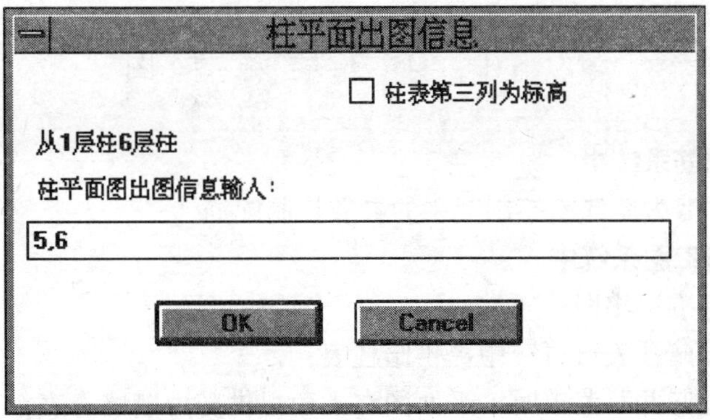

图 9-1

点按"整理编号"使相同编号的柱子只在一个柱子上进行截面标注,每一出图层处理一次。

4. 隐去或显示截面标注

菜单位置:主菜单—归并—柱归并—按钮窗口—切换全简

5. 放大缩小柱截面标注比例

菜单位置:主菜单—归并—柱归并—按钮窗口—设柱比例

弹出对话框,输入当前平面上,柱截面标注显示的缩放比例。

9.9.3 梁钢筋平法表示

梁钢筋施工图按标准层出图,根据录入系统标准层在"楼板次梁砖混计算"中按梁板混凝土强度等级自动细分,工程师还可在"配筋系统—标准层信息"中干预,进一步细分后为施工图标准层。每一标准层梁钢筋只生成一张图纸。

1. 归并梁

操作同 8.2

2. 字符重叠

菜单位置:主菜单—归并—梁归并—按钮窗口—自调重叠/移字符

使平面施工图显示全图,点按"自调重叠",自动处理平面施工图字符重叠,并且做两遍此操作,最后用"移字符"功能移动其他不能自动处理的重叠字符。

3. 修改梁钢筋和尺寸

菜单位置:主菜单—归并—梁归并—按钮窗口—修改钢筋

点按"修改钢筋",选择要修改内容,弹出对话框,输入修改值,d 代表一级钢,D 代表二级钢,F 代表三级钢,f 代表冷轧带肋钢。可修改三种类型内容:集中标注、各梁跨内容和吊筋密箍。修改集中标注时,若修改贯通筋,程序可根据配筋面积自动重新选择负筋。若修改钢筋,程序自动重算梁的裂缝和挠度。

4. 连续梁钢筋上下贯通简化表示

连续梁钢筋上下贯通,并且上部贯通筋各跨相同,下部贯通筋各跨也相同,各跨钢筋原位不用表示,上部贯通筋和下部贯通筋只表示集中表示中,之间用逗号分开,此简化表示详见 03G101 平面整体表示方法图集。

9.10 剪力墙施工图

9.10.1 在配筋系统中
可通过修改"剪力墙选筋控制"中的参数控制配筋。

9.10.2 在施工图系统中
1. 剪力墙按标准层出图；
2. 在"剪力墙暗柱表窗口"中提供暗柱表；
3. 在选择"柱归并"菜单时，平面图右上角提供剪力墙墙身表；
4. 此时可以点按"墙归并"，自动归并当前标准层暗柱和墙身钢筋；
5. 点按"强行归并"－可选择强行归并暗柱或墙身钢筋；
6. 点按"移字符"－移动暗柱编号、墙身编号和墙身范围尺寸；
7. 点按"改暗柱筋"和"改分布筋"，修改暗柱区钢筋和墙身钢筋；
8. 当不同标准层剪力墙钢筋，需在同一平面施工图上表示时，工程师可采用AUTOCAD手工改动。

9.11 打印计算结果

9.11.1 板计算结果
菜单位置：主菜单—归并—板归并—按钮窗口—显板配筋
显示板每米宽度配筋面积，单位 cm^2。

9.11.2 剪力墙柱计算结果
菜单位置：主菜单—归并—柱归并—按钮窗口—显柱配筋（图 9-2）

1. 矩形柱时，显示单边（包括两角筋）配筋面积；
2. 圆柱时，显示总的纵筋面积；
3. L 形柱时，Al + Ad 为两肢相交处纵筋总面积，At 和 Ar 为端点的纵筋面积；

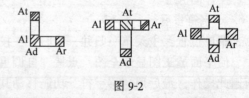

图 9-2

4. T 形柱时，At 为两肢相交处纵筋总面积，Al、Ad 和 Ar 为端点的纵筋面积；
5. 十形柱时，At、Ad、Al 和 Ar 为端点的纵筋面积；

柱配筋单位 mm^2；中间上面数字为轴压比；下面为 X 向/Y 向（0.1m 内）的配箍面积，单位 mm^2，0/0 为构造配箍（剪力小于规范规定的范围，按最小配箍率配箍）；最下面是柱的剪跨比，9999 表示没有计算剪跨比，十形柱交叉部分钢筋按构造取 4D12 或 4D14；异形柱肢较长时，纵筋间距大于 300mm 时，肢中布置钢筋直径为 12 或 14 的构造纵筋，并设拉筋，拉筋间距为箍筋间距的两倍。

剪力墙显示暗柱总配筋面积、1m 范围内水平分布筋配筋面积和轴压比，水平和竖向分布筋为施工方便一般取相同结果，但水平分布筋配筋面积较大时竖向分布筋可另外构造处理，但直径不宜小于 10。

剪力墙端柱处的暗柱总钢筋大于柱的纵筋总面积和墙端暗柱面积之和，可根据经验适当减少，CAD自动处理时没有考虑墙端暗柱面积，请工程师人工处理。

9.11.3 梁计算结果

菜单位置：主菜单—归并—梁归并—按钮窗口—显梁配筋

$$\frac{15-6-8+2}{3-6-2/1}$$

上排数字显示本跨梁左支座、中间和右支座的负筋配筋面积，上面负筋"+"后为抗扭纵筋的配筋面积，下面是左支座、中间最大和右支座的底筋配筋面积，"/"后为0.1m范围内梁端部配箍面积，所有单位均为cm^2。梁跨中底筋配筋面积包含梁跨中挠度裂缝验算的结果。

9.12 修改梁板钢筋后自动重算挠度裂缝

修改梁板钢筋后，请重新显示挠度裂缝，施工图系统已自动重新验算挠度裂缝。

9.13 梁柱表表头，梁柱平法表头和楼梯表头

在硬盘上GSCAD子目录下，Zb.dwg是柱表表头，Lb.dwg是梁表表头，Lt.dwg是梁平法表头，Zt.dwg是柱平法表头，Stair.dwg是楼梯表表头。同时，在安装光盘上DWG目录下还附有结构总说明和柱下条基等图表。

9.14 一、二、三级和冷轧带肋钢筋符号

在施工图系统中，为编辑方便，用d代表一级钢，D代表二级钢，f代表冷轧带肋钢，F代表三级钢；在硬盘上GSCAD子目录下提供txt.shx字形文件，此文件可覆盖AutoCAD字库子目录中的同名文件，在AutoCAD中，则键盘上"["或"％％130"代表一级钢，"]"或"％％131"代表二级钢，"｛"代表冷轧带肋钢，"｝"代表三级钢。若钢筋符号还显示不对，请采用Windows中左下角"开始—查找"菜单寻找硬盘上所有的txt.shx文件，再用GSCAD子目录下提供的txt.shx覆盖即可，此时应退出Autocad。

9.15 编 辑 轴 线

菜单位置：主菜单 施工图 轴线编辑—按钮窗口—轴线定位/标注尺寸/梁中尺寸
建议图形操作可在Autocad中进行。

1. 平面图形显示全图，点按"轴线定位"，鼠标左键点按选择已建轴线，点按鼠标右键停止选择。出现一根随光标移动的垂直所选轴网线的直线。鼠标左键点按两点，第一点确定边轴线的起点，第二点确定边轴线的末点。
2. 点按"编辑轴号"，鼠标左键点按1根边轴线，弹出对话框。输入A。
3. 点按"标注尺寸"，鼠标左键点按选择两根边轴线，点按鼠标右键，停止选择，自动标注距离。

第10章 广厦扩展基础和桩基础 CAD 教程

10.1 进入扩展基础和桩基础 CAD

菜单位置：广厦建筑结构 CAD 主菜单—扩展基础和桩基础 CAD

当在录入系统中调入 WW.prj，选择"主菜单—工程—生成基础 CAD 数据"，生成基础设计使用的首层墙柱定位图 WW.fod 之后，选择此菜单进入扩展和桩基础 CAD，自动调入 WW.fod。

10.2 读取墙柱底内力

菜单位置：主菜单—工程—读取墙柱底内力

弹出对话框如图 10-1。

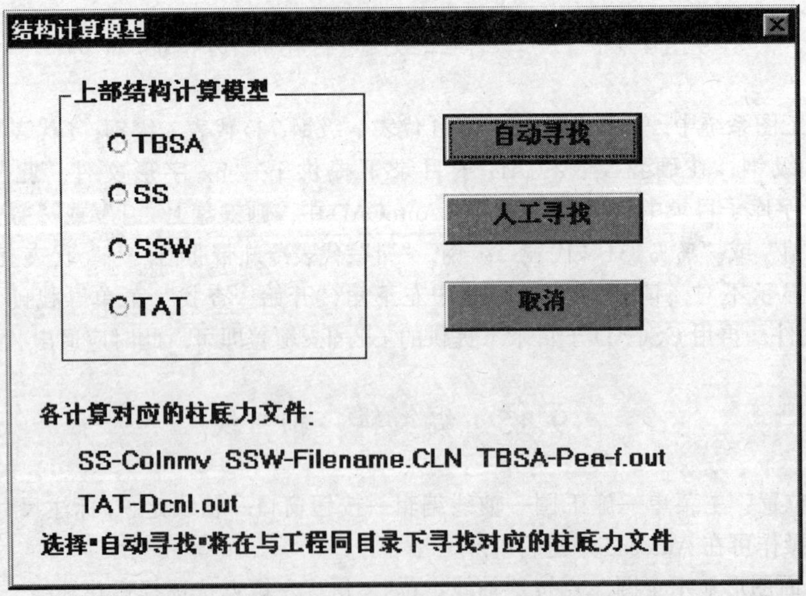

图 10-1

指定计算模型为 SS，点按自动寻找即可，自动读取各设计内力和标准组合内力，按 F2 或点选"显柱底力"显示或隐去最大轴力对应的一组墙柱底力。

10.3 基础平面施工图的移动和缩放

操作同广厦结构施工图中的施工图的平移和缩放。

10.4 扩展基础

10.4.1 总体信息
菜单位置：主菜单—总体信息设置—天然地基基础总体信息
输入地基承载力特征值等基础信息。

10.4.2 布置和计算扩展基础
菜单位置：主菜单—天然地基基础—按钮窗口—单柱阶式
显示全图，窗选所有柱，CAD自动按柱边长比例布置和计算扩展基础。

10.4.3 修改扩展基础长宽比
菜单位置：主菜单—天然地基基础—按钮窗口—调整比例
点按选择扩展基础，弹出对话框输入长宽比，CAD重新自动计算。

10.4.4 归并扩展基础
菜单位置：主菜单—天然地基基础—按钮窗口—自动归并/强行归并
点按"自动归并"，承台底面积相差10%范围之内的基础自动归并，取大的基础。
采用强行归并，鼠标左键点按选择多个扩展基础，再点按右键，基础取大值，并自动整理编号和天然基础表。

10.4.5 修改扩展基础
菜单位置：主菜单—天然地基基础—按钮窗口—修改基础
点按选择一个基础承台，修改对话框内容，基础平面图和天然基础表中相应内容自动修改。

10.4.6 扩展基础表头
在硬盘上GSCAD子目录下，JC.dwg是扩展基础表头，设计人员可采用Autocad把生成的扩展基础表DWG插入此表头中。

10.5 桩 基 础

10.5.1 总体信息
菜单位置：主菜单—总体信息设置—桩基础总体信息
弹出对话框，输入桩基础设计总控信息。

10.5.2 桩径和单桩承载力
菜单位置：主菜单—桩基础—按钮窗口—参数设置
弹出对话框，输入桩径和单桩承载力特征值等参数。

10.5.3 布置和计算桩基础
菜单位置：主菜单—桩基础—按钮窗口—单柱桩基

窗选柱，自动布置和计算桩基础。

10.5.4 归并桩基础

菜单位置：主菜单—桩基础—按钮窗口—自动归并/强行归并

点按"自动归并"，弹出对话框，在误差范围内自动归并桩基础。若采用强行归并，鼠标左键点按选择多个桩基础，鼠标右键停止选择，桩数相同的基础归并一起，基础取大值，自动生成桩基础大样图。

10.5.5 修改桩基础

菜单位置：主菜单—桩基础—按钮窗口—参数设置

点按选择一个桩基础承台，修改对话框内容，基础平面图和桩基础大样图中相应内容自动修改。

10.6 生成基础计算结果文件

菜单位置：主菜单—工程—轴线编辑—生成基础计算结果文件

生成和显示桩和扩展基础计算书。

10.7 基础平面图轴线

菜单位置：主菜单—图形编辑—轴线编辑—按钮窗口—读轴线

点按施工图系统中"主菜单—施工图—轴线编辑—按钮窗口—存轴线"，以 WW.axs 为文件名存储首层轴线，再在基础 CAD 中读取此文件。

10.8 标注基础尺寸

主菜单—图形编辑—轴线编辑—按钮窗口—基础尺寸

弹出对话框，指定标注位置和内容，扩展基础需指定标注承台角点。然后窗选基础，自动标注。

10.9 地梁表示在基础平面图中

菜单位置：主菜单—工程—读取地梁数据

此功能只对使用梁柱表施工图的工程师有用，当第一标准层为地梁层时，在录入系统中第一标准层输入地梁，生成施工图时请选择梁柱表版配筋系统，指定"主菜单—参数控制信息—施工图控制—对话框—第一标准层是地梁层"，梁柱表施工图中处理完第一标准层后，选择"主菜单—工程—生成地梁数据"，生成 WW.jb 文件。在基础 CAD 中可读入此文件，地梁及其编号等与承台显示在一起，节约一张图纸。

10.10 基础施工图生成 DWG 文件

菜单位置：主菜单—工程—DWG 输出

选择"主菜单—窗口—基础平面图"打开基础平面图窗口，选择"DWG 输出"将基础平面图生成 DWG 文件。

选择"主菜单—窗口—天然地基基础表"打开天然地基基础表窗口，选择"DWG 输出"将天然地基基础表生成 DWG 文件。

选择"主菜单—窗口—桩基础大样图"打开桩基础大样图窗口，选择"DWG 输出"将桩基础大样图生成 DWG 文件。

第11章 广厦条形基础和筏板基础CAD教程

11.1 进入条形基础和筏板基础CAD

菜单位置：广厦建筑结构CAD主菜单—条形基础和筏板基础CAD

在录入系统中调入WW.prj，选择"主菜单—工程—生成基础CAD数据"，生成基础设计使用的首层墙柱定位图WW.bbs之后，选择此菜单进入条形和筏板基础CAD，自动调入WW.bbs。

11.2 读取墙柱底内力

菜单位置：主菜单—工程—读取墙柱底内力

弹出如图11-1的对话框：

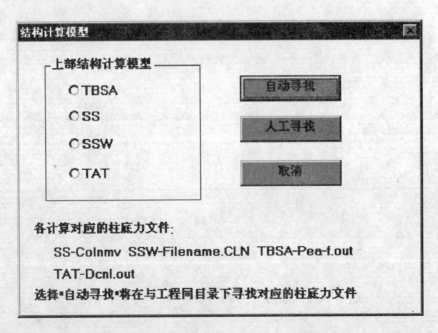

图 11-1

指定结构计算对应的计算模型，点按"自动寻找"。自动读取竖向荷载对应柱底力设计值和标准组合内力。

按F7或点选"显柱底力"显示或隐去墙柱底力。

11.3 条形基础

11.3.1 总体信息
菜单位置：主菜单—弹性地基梁总体信息
输入地基承载力设计值等基础信息。

11.3.2 布置地梁
菜单位置：主菜单—弹性地基梁—梁编辑
进行地梁的布置，方法同上部结构梁的布置方法，若为矩形地梁，则按 $B_I = B$、$H_I = 0$ 的截面输入（见图 11-2）。

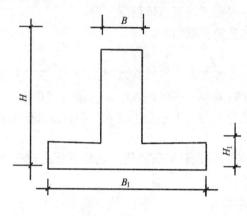

图 11-2

11.3.3 布置梁荷载
菜单位置：主菜单—弹性地基梁—梁荷载编辑
进行地梁荷载的布置，方法同上部结构梁荷载的输入方法。

11.3.4 计算地梁
菜单位置：主菜单—弹性地基梁—梁编辑—计算地梁—自动计算

11.3.5 输出地梁计算结果
菜单位置：主菜单—弹性地基梁—梁编辑—计算地梁—显点位移\显梁内力\显梁配筋
显点位移：显示每个节点三向位移；
　　形式：$Ux = ***$，$Uy = ***$，$Uz = ***$，单位为"mm"。Uz 向下为正。
显梁内力：显示每跨梁左中右跨弯矩、两端剪力、扭矩；
　　形式：$M1/M2/M3$
　　　　　$Q1/T/Q2$
　　M、T 的单位为"kN·m"。Q 的单位为"kN"
$M1$ 为梁左端弯矩，$M2$ 为梁跨中弯矩，$M3$ 为梁右端弯矩，梁截面上部受拉为正。$Q1$ 为梁左端剪力，$Q2$ 为梁右端剪力，T 为梁扭矩。
显梁配筋：显示每跨梁左中右跨配筋、扭筋、翼缘配筋。
　　形式：As1-As2-As3/Av/Ay。单位"cm^2"。

As1 为梁左端纵筋面积，As2 为梁跨中纵筋面积，As3 为梁右端纵筋面积，Av 为梁 1m 长度内配箍面积，Ay 为梁翼缘 1m 长度内配筋面积。

根据梁弯矩和受拉区，确定纵筋为梁上部或下部钢筋。

11.3.6 地梁施工图处理

在硬盘上 GSCAD 子目录下，TG.dwg 是条基表头，设计人员在 Autocad 中根据计算结果填此表。

11.4 筏板基础

11.4.1 总体信息

菜单位置：主菜单—平板式筏基总体信息

输入地基承载力设计值等基础信息。

11.4.2 确定边界

菜单位置：主菜单—筏板基础—平行直线/距离直线/定义边界

采用"平行直线"平行复制一些辅助直线；采用"距离直线"，选择轴网线或辅助直线的左或右端，输入负的距离（表示轴网线或辅助直线外延某点离左或右端的距离）来确定一些辅助直线。

采用"定义边界"，逆时针选择辅助直线，点按鼠标右键停止选择，所选择辅助直线之间自动求交形成边界线。

11.4.3 划分计算单元

菜单位置：主菜单—筏板基础—修改板厚/划分单元

点按"修改板厚"，点按参数窗口输入初始筏板厚度。

点按"划分单元"，划分单元，边界外单元厚度自动赋为零。

点按"修改板厚"，窗选或单选修改某些筏板单元厚度。

11.4.4 计算筏板

菜单位置：主菜单—筏板基础—计算筏基

自动计算平板式筏基。

11.4.5 输出筏板计算结果

菜单位置：主菜单—筏板基础—计算简图/冲切验算

1. 节点挠度，单位"mm"；
2. 节点反力，单位"kN/m^2"；
3. 节点 X 向弯矩 Mx，单位"$kN·m/m$"；
4. 节点 Y 向弯矩 My，单位"$kN·m/m$"；
5. 节点 X 向剪力 Vx，单位"kN/m"；
6. 节点 Y 向剪力 Vy，单位"kN/m"；
7. 节点弯矩 Mx 等值线，点按菜单后，弹出对话框，显示 Mx 最大值和最小值，用户输入等值线个数，在平面图上标出等值线；
8. 节点弯矩 My 等值线，点按菜单后，弹出对话框，显示 My 最大值和最小值，用户输入等值线个数，在平面图上标出等值线；

9. X 向板带等分处内力 M_y 及配筋面积；

10. Y 向板带等分处内力 M_x 及配筋面积；

11. 点按"冲切验算"，显示节点荷载，红色表示此节点不满足冲切验算，局部筏板应加厚。

设计人员根据计算结果在 Autocad 中手工绘图。

11.4.6　输出荷载中心和筏板重心

菜单位置：主菜单—筏板基础—计算简图

显示荷载中心和筏板重心位置，只要读取了墙柱底力，没有进行筏板设计也可显示荷载中心位置。

11.4.7　分块平板式筏基的计算

边界外的荷载在筏基计算时自动忽略，算完一块筏基后可重新定义边界计算另一块筏基。

11.4.8　梁式筏基的计算

弹性地基梁翼缘的宽度设为板的跨度，用弹性地基梁计算方法来计算梁式筏基，翼缘的配筋为筏板的配筋。

第12章 工程实例的输入要点

广厦建筑结构CAD安装后,在Exam子目录下有两个工程实例:框架结构Frame.prj和砖混结构Brick.prj,工程师从录入系统调入、计算和生成施工图,并在施工图系统中通过打印机打印出这两个工程平面施工图(见图12-1和图12-17)。根据平面施工图,并参考如下输入要点,用户将掌握国内结构CAD中最快的建模方法。

12.1 框架结构实例输入要点

实例见:Exam\Frame.prj(平面见图12-1)。

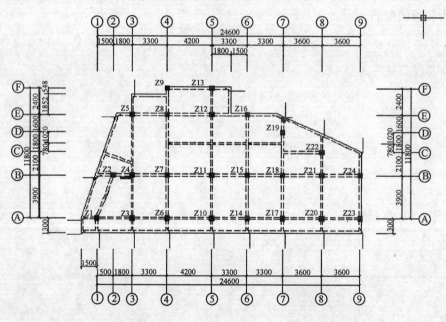

图 12-1

12.1.1 输入轴网

根据二级尺寸线,有柱穿过的地方布置轴网线(切记此为框架框剪结构轴网输入原则),

X 向间距:1.5,1.8,3.3,4.2,3.3,3.3,3.6,3.6m;

Y 向间距:3.9,2.1,1.8,1.6,2.4m。

绘图板上出现图12-2。

12.1.2 输入柱

点按"主菜单—平面图形编辑—剪力墙柱编辑—轴点建柱"窗选部分轴网交点,输入

0.4×0.4 的柱。绘图板上出现图 12-3。

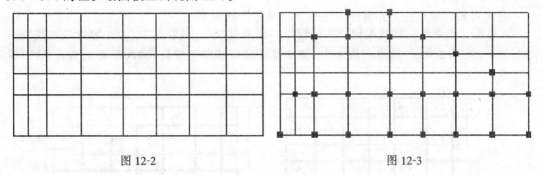

图 12-2　　　　　　　　　　　　　　图 12-3

12.1.3 输入梁

点按"主菜单—平面图形编辑—梁编辑—轴线主梁"窗选整个轴网，在柱与柱之间的轴线上布置主梁。绘图板上出现图 12-4。

点按"主菜单—平面图形编辑—梁编辑—轴线主梁"，按"W"键将光标切换为点选状态，光标点选轴线，布置主梁 A。绘图板上出现图 12-5。

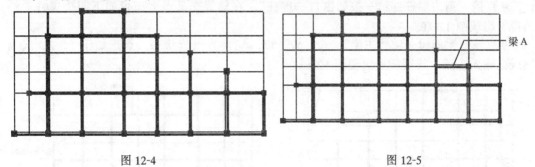

图 12-4　　　　　　　　　　　　　　图 12-5

点按"主菜单—平面图形编辑—梁编辑—两点主梁"，光标点选主梁 B 两端的柱子，布置主梁 B。绘图板上出现图 12-6。

点按"主菜单—平面图形编辑—梁编辑—建悬臂梁"，建如下图悬臂梁 1。

选取"建悬臂梁"，输入挑出长度 1.5m，鼠标左键点取主梁①，再点取一点②表示挑出方向，同理输入如下图多个悬臂主梁。绘图板上出现图 12-7。

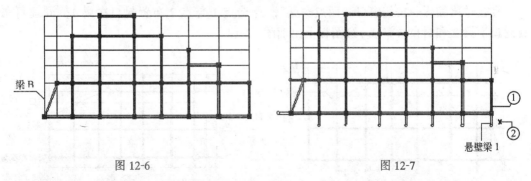

图 12-6　　　　　　　　　　　　　　图 12-7

点按"主菜单—平面图形编辑—梁编辑—距离主梁"，建如下图悬臂梁 2。

利用垂直梁来布置悬臂梁，鼠标左键点取主梁 C 左端，输入离此梁左端距离 0m（点取梁右端则为离梁右端距离），再点取一点②表示挑出方向，输入挑出长度 1.5m。绘图板上出现图 12-8。

右上角悬臂梁点按另外辅助方法布置，具体步骤如下：

■ 点按"主菜单—轴线编辑—按钮窗口—距离直线"，点取点 1（点 1 靠近该轴线段左端），输入距离 2.8m，接着点取点 2（点 2 靠近该轴线段下端），输入距离 1.9m。绘图板上出现图 12-9。

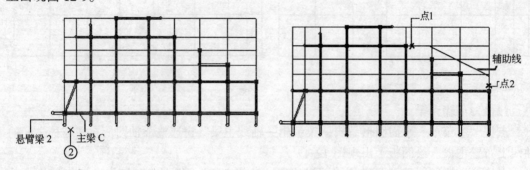

图 12-8　　　　　　　　　　　　　　图 12-9

■ 点按"剪力墙柱编辑—按钮窗口—虚柱"，在轴线交叉点上布置如下四个虚柱。绘图板上出现图 12-10。

■ 点按"梁编辑—轴线主梁"，按"W"键，切换为点选状态，点选如下 1、2、3、4 轴线，输入主梁。绘图板上出现图 12-11。

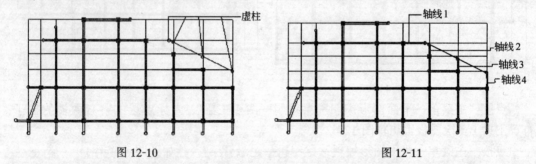

图 12-10　　　　　　　　　　　　　　图 12-11

■ 点按"梁编辑—按钮窗口—修改梁—指定悬臂"，点选图 12-12 中梁 1、梁 2、梁 3、梁 4，指定其为悬臂梁（带有 P 为标志）。绘图板上出现图 12-12。

点按"梁编辑—按钮窗口—两点次梁"，点选点 1 与点 2 布置封口次梁 1，同理可布置封口次梁 2 和封口次梁 3。绘图板上出现图 12-13。

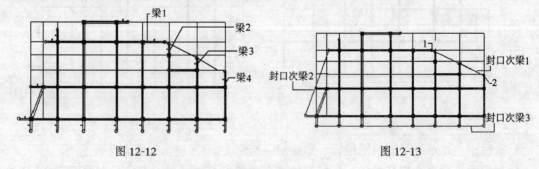

图 12-12　　　　　　　　　　　　　　图 12-13

点按"主菜单—平面图形编辑—梁编辑—距离次梁"，（切记此为次梁输入最快的方法，抛弃了其他 CAD 先布置轴线，后输入梁的两步复杂操作），布置如下图中封口次梁 1

和封口次梁2，操作步骤如下：

鼠标左键点取梁①上端，输入离此梁上端的距离0m，再任选点②确定布梁的方向及范围，因此点跨过梁③，所以沿梁①垂直方向布上封口次梁1，同理可布置封口次梁2绘图板上出现图12-14。

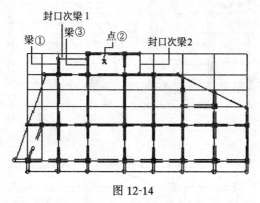

图12-14

点按"主菜单—平面图形编辑—梁编辑—建悬臂梁"建如图12-15悬臂次梁（长度为1.5m）

点按"主菜单—平面图形编辑—梁编辑—两点次梁"建图12-15封口次梁。

绘图板上出现图12-15。

点按"主菜单—平面图形编辑—梁编辑—距离次梁"，点选主梁①靠上端，输入距离1m，再任选点②确定布梁的方向及范围，布置次梁A；点选次梁②靠上端，输入缺省跨中距离，再任选点②确定布梁的方向及范围，布置次梁B。绘图板上出现图12-16。

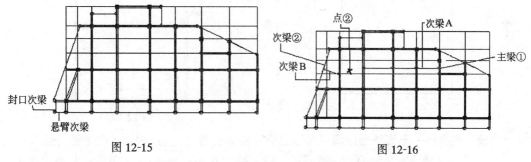

图12-15　　　　　　　　　　图12-16

12.1.4 板的输入、构件荷载输入等无特别的技巧，不再作介绍。

12.2 砖混结构实例输入要点

实例见：Exam \ Brick.prj（平面见图12-17）。

12.2.1 输入轴网

根据砖房外墙输入正交轴网，X向间距：10.8m；Y向间距：11.53m（切记此为混合结构轴网输入原则）。绘图板上出现图12-18。

12.2.2 输入外墙

点按"主菜单—平面图形编辑—砖混编辑—轴线砖墙"选用窗选，上边、左边和右边轴线布置外墙。绘图板上出现图12-19。

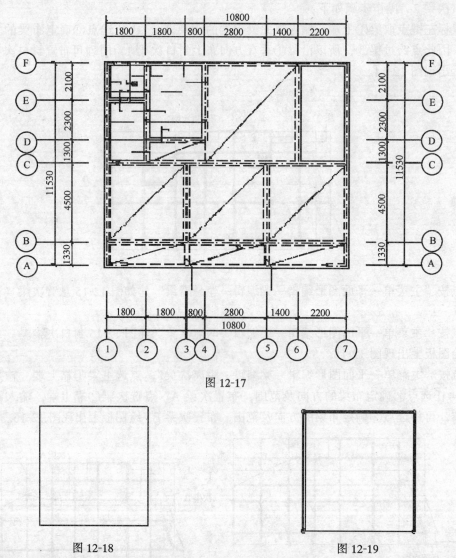

图 12-17

图 12-18　　　　　　　　图 12-19

点按"主菜单—平面图形编辑—砖混编辑—距离砖墙",点选砖墙①靠下端,输入距离 0m,再任选点②确定布砖墙的方向及范围,输入长度 0.9m,布置砖墙段 A;点选砖墙③靠下端,输入距离 0m,再任选点②确定布砖墙的方向及范围,输入长度 0.9m,布置砖墙段 B。

绘图板上出现图 12-20。

12.2.3　输入内墙

点按"主菜单—平面图形编辑—砖混编辑—距离砖墙",点选砖墙①靠下端,输入距离 1.2m,再任选点③确定布砖墙的方向及范围,布置砖墙④,同理可根据图 2 轴网尺寸线输入其他砖墙(切记此为内墙输入最快的方法,抛弃了其他 CAD 先布置轴线,后输入内墙的两步复杂操作)。

绘图板上出现图 12-21。

点按"主菜单—平面图形编辑—砖混编辑—删除砖墙"删除上图中多余墙段 A。

点按"主菜单—平面图形编辑—砖混编辑—清理虚柱"自动清理多余虚柱。

绘图板上出现图 12-22。

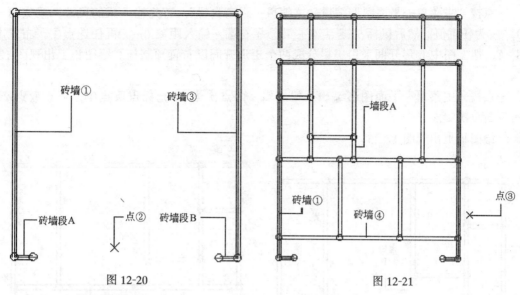

图 12-20　　　　　　　　　　图 12-21

12.2.4　输入悬臂梁

点按"主菜单—平面图形编辑—梁编辑—距离次梁"。

鼠标左键点取砖墙①左端，输入离此砖墙左端的距离 0m，再任选点①确定布梁的方向，输入悬臂长度 1.2m，布置悬臂次梁 1；同理，鼠标左键点取砖墙①右端，输入离此砖墙右端的距离 0m，再任选点②确定布梁的方向，输入悬臂长度 1.2m，布置悬臂次梁 2。

绘图板上出现图 12-23。

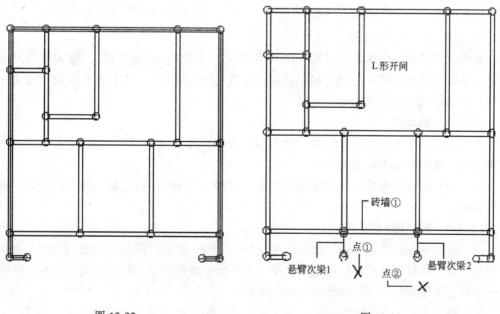

图 12-22　　　　　　　　　　图 12-23

12.2.5 多边形开间布置预制板

点按"主菜单—平面图形编辑—梁编辑—距离次梁",首先输入梁的尺寸,梁宽 $B=0$,H 为任意值,然后鼠标左键点选主梁②靠右端,输入距离 0m,再任选点①,布置虚梁 A,把上图中 L 形开间采用虚梁分成两个矩形开间以布置预制板。绘图板上出现图 12-24。

点按"主菜单—平面图形编辑—梁编辑—两点次梁",光标点取点①,再点取点②,布置封口次梁。

绘图板上出现图 12-25。

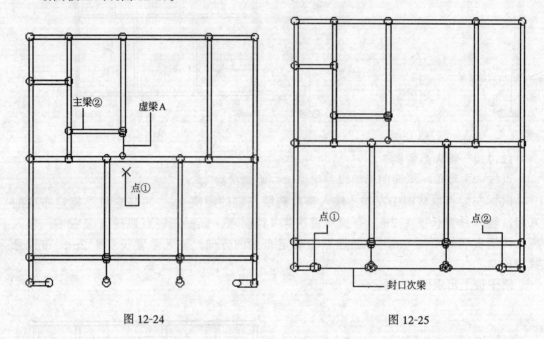

图 12-24　　　　　　　　　　　　　图 12-25

12.2.6 开砖墙门窗洞

点按"主菜单—平面图形编辑—砖混编辑—下一菜单—砖墙开洞",输入洞口尺寸与位置,鼠标左键点按砖墙左或右端,则距离砖墙左或右端开洞,右键点按砖墙,则为居中开洞。绘图板上出现图 12-26。

12.2.7 构造柱

点按"主菜单—平面图形编辑—剪力墙柱编辑—按钮窗口——点建柱",鼠标点击布置构造柱。绘图板上出现图 12-27。

12.2.8 楼板可布置为现浇板和预制板,但布板与加构件荷载都无特别的技巧,这里不再详述。

12.2.9 砖混结构的基础

纯砖混结构无须在录入系统选择"主菜单—工程—生成广厦基础 CAD 数据",录入系统完后,进行楼板、次梁及砖混计算,下一步骤是平法配筋,选择"主菜单—参数控制信息—砖墙下条基控制",弹出对话框如图 12-28。

输入相关参数,点按确认以后,进入平法施工图,选择建筑层时输入 0,即可调入砖墙下条基平面图,图中给出基础宽度。

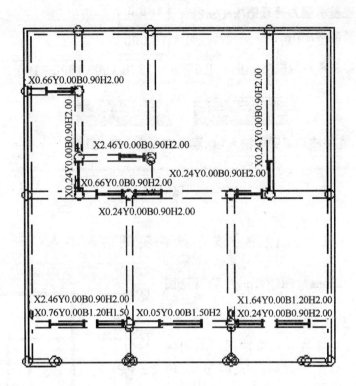

图 12-26

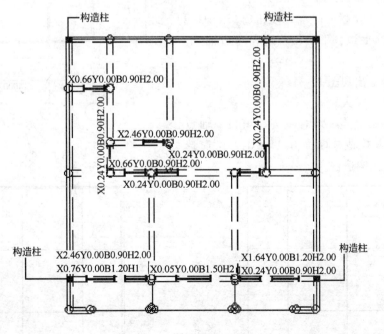

图 12-27

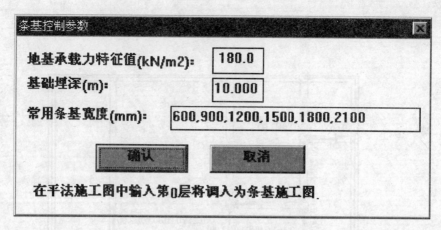

图 12-28

12.3 混合结构实例输入要点

实例见：Exam \ HHJG.prj（平面见图 12-29）。

12.3.1 输入轴网

根据砖房外墙输入正交轴网，X 向间距：4，6，4m；Y 向间距：4，6，4m。绘图板上出现图 12-30。

12.3.2 输入外墙

点按"工具栏—砖混—按钮窗口—轴线砖墙"，窗选上边、下边、左边和右边轴线，布置外墙。

绘图板上出现图 12-31。

12.3.3 输入柱

点按"工具栏—墙柱—按钮窗口—轴点建柱"，输入构造柱断面 0.24×0.24，窗选轴点 1-8 建立构造柱。

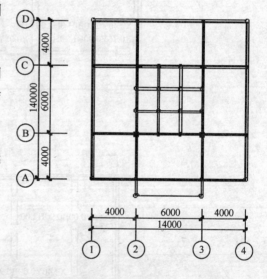

图 12-29

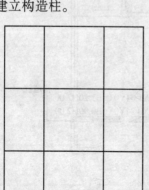

图 12-30

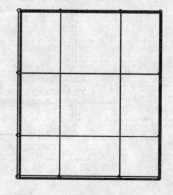

图 12-31

绘图板上出现图 12-32。

同理，点按"工具栏—墙柱—按钮窗口—轴点建柱"，输入构造柱断面 0.4×0.4，可布置柱 1 和柱 2。

点按"工具栏—墙柱—按钮窗口—L 形柱"，输入缺省断面，布置柱 3。

点按"工具栏—墙柱—按钮窗口—T 形柱"，输入缺省断面，布置柱 4。

绘图板上出现图 12-33。

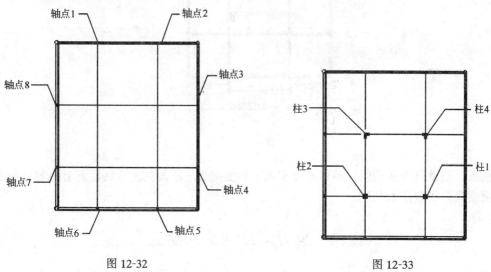

图 12-32　　　　　　　　　　图 12-33

12.3.4　输入梁

点按"工具—梁—按钮窗口—轴线主梁"，窗选布置主梁 1-4。

绘图板上出现图 12-34。

点按"工具—梁—按钮窗口—距离主梁"，以 2m 距离布置井字梁。

绘图板上出现图 12-35。

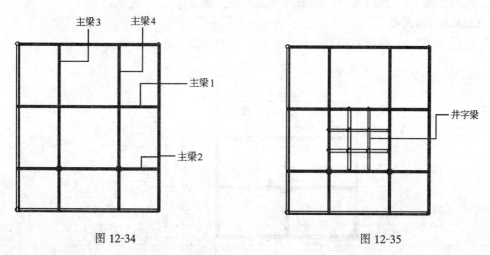

图 12-34　　　　　　　　　　图 12-35

点按"工具—梁—按钮窗口—建悬臂梁"，出挑 1.5m 布置悬臂梁。

点按"工具—梁—按钮窗口—两点次梁"，布置封口梁。

99

绘图板上出现图 12-36。

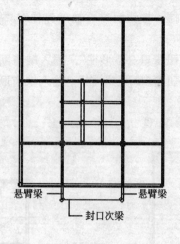

图 12-36

楼板、荷载以及砖墙洞口等可参考实例1和实例2，输入完生成砖混计算数据，框架部分用空间分析程序 SS 计算。

12.4 剪力墙结构输入要点

12.4.1 输入轴网
根据二级尺寸线，有剪力墙穿过的地方布置轴网线，
　　X 向间距：4, 4m；
　　Y 向间距：3, 3m。

12.4.2 输入剪力墙
"轴线建墙" — 窗选轴网，沿轴网线输入剪力墙。

12.4.3 输入梁
"连梁开洞" — 鼠标右键点选剪力墙肢，居中开洞，布置连梁。

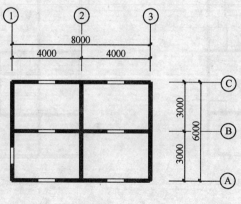

图 12-37

第13章 设 计 教 程

13.1 纯砖混、底框和混合结构设计

13.1.1 砖混总体信息的合理选取

1. 结构计算总层数

设置包含框架平面和砖混平面的结构计算平面总层数，结构计算平面可以是包含承台上拉接地梁的基础层、地下室平面层、上部结构平面层和天面结构层，结构层号从1开始到结构计算总层数。最后生成的结构施工图是按建筑层编号，在平法和梁杜表版的配筋系统中，可在"主菜单——参数控制信息——施工图控制"中设置建筑二层对应结构录入的第几层来实现结构层号到建筑层号的自动转化。

2. 绘图窗口X向和Y向最大尺寸

绘图窗口总体坐标的原点在窗口的左下角，根据所设置的X和Y向最大尺寸CAD可自动控制绘图窗口的大小，输入轴网时，使整个轴网系统离绘图窗口的左边和下边保持一定距离。当结构平面比较小时，X和Y向最大尺寸可设小一些，使右上角的空白减小；当结构平面比较大，超出当前绘图窗口，X和Y向最大尺寸可设大一些，使结构平面缩进绘图窗口。此种情况在第一标准层并且还没有输入第二标准层平面数据时，点按钮窗口的"显示全图"，录入系统自动调整使结构平面在绘图窗口正中，且周边留有一定空白，所以工程师一般不用设置这两参数。

3. 结构形式

=0则所有结构平面为框架、框剪或剪力墙结构平面，=1则所有结构平面为砖混平面，=2则底下为框架平面，上面为砖混平面，=3则为砖和框架混合结构：内框、外框、边框、上几层砖混而下几层混合结构。底框结构为混合结构中的一种特殊形式，因广厦以前定义了此种结构形式，现版本继续保留此定义。

框架、框剪、剪力墙和筒体结构：

广厦结构计算SS是按空间薄壁杆系计算。为了解决空间薄壁杆系计算中剪力墙计算的较大误差，有些计算软件采用壳单元米计算剪力墙，壳单元由板单元和膜单元合成，板单元的平面外刚度作为剪力墙的平面外刚度，这与剪力墙计算不考虑平面外刚度矛盾，此过大的平面外刚度可能会引起空间分析时水平力的分布不合理和连梁负弯矩偏大两个问题。广厦结构计算SSW解决了平面外刚度过大的问题，在梁与剪力墙交接处自动采用镶边墙元，合理计算连梁和剪力墙柱。

纯砖混： 在建模时：可输入砖墙；纯砖混平面上所有的柱自动作为构造柱处理；所有梁简化为次梁输入。

在"楼板次梁砖混计算"中：砖墙按底部剪力法进行抗震验算；进行砖墙的总体抗压

验算；梁按连续次梁计算。

可得结果：

(1) 砖墙抗震验算结果

(2) 砖墙总体抗压验算结果

(3) 砖墙剪力

(4) 砖墙轴力

(5) 砖墙下条基平面施工图

(6) 上部结构各层结构平面施工图

底框结构：

在建模时：底层按框架框剪结构输入；其他层按纯砖混平面输入。

计算时：在"楼板次梁砖混计算"中计算砖混部分；底框部分采用空间分析程序进行计算。

可得结果：

(1) 砖墙抗震验算结果

(2) 砖墙总体抗压验算结果

(3) 砖墙剪力

(4) 砖墙轴力

(5) 砖混底部和框架顶层的两个方向的侧移刚度比

(6) 框架柱下基础施工图

(7) 上部结构各层结构平面施工图

底框顶层梁计算结果偏大有两个原因：(1) 在砖混总体信息中墙梁折减系数缺省为1，可根据具体情况设定，无洞口一般为0.6，有洞口一般为0.8；(2) 次梁作为主梁布置时，连续梁两端可指定铰接。

混合结构：

在建模时：可输入内框、外框、边框、上几层砖混而下几层混合结构；要求混合结构中主梁端必须有柱，否则按次梁布置。

计算时：在"楼板次梁砖混计算"中计算砖混部分；框架部分采用"空间分析程序SS"进行计算，砖墙自动等刚度成剪力墙进入结构分析程序SS进行计算，因次梁导荷后没有进入空间分析，所以谨防出现没有任何主梁砖墙相连的柱和次梁托砖墙的情况，此时把次梁改为主梁布置。砖墙柱和砖墙之间自动按铰接处理。

可得结果：

(1) 砖墙抗震验算结果

(2) 砖墙总体抗压验算结果

(3) 砖墙剪力

(4) 砖墙轴力

(5) 砖墙下条基础平面施工图

(6) 框架柱下基础施工图

(7) 上部结构各层结构平面施工图

4．底层框架或混合层数

当结构形式为 2（即底框）或 3（即混合结构）时，输入底框或混合层数，层数可大于 2，计算方法没有变化，当此设置超规范时，CAD 结果只起参考作用。在混合结构中若所有结构层为混合结构则混合结构层数应设为结构总层数，CAD 允许上几层纯砖混而下几层混合结构。

5．抗震烈度

取 6、7、7.5、8、8.5 或 9，只影响砖混平面的抗震验算，对底框结构平面，必须在相对应的结构分析程序的总体信息中设置抗震烈度，7.5 和 8.5 度水平地震影响系数最大值对应下表中带括号的值。

6．楼面刚度类别

刚性 1，开间为现浇板；刚柔性 2，开间为木板等；柔性 3：开间为空洞。

7．墙体自重

为砌块自重，若考虑抹灰的重量可增加自重数值。

8．砌体材料（1：烧结砖；2：蒸压砖；3：混凝土砌块）

根据砌体所用材料，分别选择烧结普通砖及烧结多空砖、蒸压灰砂砖及蒸压粉煤灰砖、单排孔混凝土砌块及轻骨料混凝土砌块。计算时区别在于它们的抗剪强度和抗压强度。

9．构造柱是否参与工作（是：1；否：0）

当选择 1 时，将按前面广厦建筑结构 CAD 的基本原理广厦砖混结构计算中根据混凝土构造柱截面积求出墙段的折算截面积来计算承载力，此时结构应隔开间或每开间设置构造柱；当选择 0 时，将不考虑构造柱实际截面积，而只根据构造柱数量来考虑承载力是否提高 10%。

10．悬臂梁导荷至旁边砖墙上比例和导荷至构造柱上比例

在纯砖混和混合平面，悬臂次梁上的荷载由构造柱、悬臂梁两边砖墙和与悬臂梁同方向的砖墙三方按设定的比例承担，工程师根据经验设定。

11．考虑墙梁作用上部荷载折减系数

分为无洞口墙梁折减系数和有洞口墙梁折减系数。

当输入的墙梁荷载折减系数小于 1.0 时，软件在导荷时，将对上部砖墙传递给框架梁的均布恒载和活荷载乘以该折减系数，折减掉的均布荷载将按集中荷载作用在两端柱子上。当梁上墙体无洞口时，按无洞口墙梁折减系数折减；当梁上墙体有一个洞口时，按有洞口墙梁折减系数折减；当梁上墙体洞口大于等于 2 个时，荷载不折减。

12．采用水泥砂浆（采用：1；不采用：0）

各类砌体，当用水泥砂浆砌筑时，其抗压强度设计值调整系数为 0.85，抗剪强度设计值调整系数为 0.75，但对粉煤灰中型实心砌块抗剪强度调整系数为 0.5。

13．底框计算程序

指定空间分析程序计算底框部分的内力和配筋，混合结构只能采用 SS 计算，砖混平面竖向恒活载自动导荷到底框顶部构件上。没有购买广厦结构计算 SS 的用户，随盘带的 SS 也可计算小于等于 8 层框架结构。

14．指定钢筋强度

取"砖混总信息"中所指定的底框计算程序所对应的总体信息中的钢筋强度，若Ⅰ级

取 $210N/mm^2$，若 II 级取 $300N/mm^2$，若 III 级取 $360N/mm^2$，也可指定强度，梁纵筋采用主钢筋强度，板采用板钢筋强度，梁箍筋采用箍筋强度，砖墙抗剪不够时，钢筋采用墙分布筋强度。

15．砖混计算结果总信息

在主控菜单点按"查看砖混计算结果总信息"自动打开 filename.cwp 文本文件。当在录入系统中选择"生成砖混数据"时，程序自动导荷并形成 filename.cwp，此文本文件中提供砖混总体信息、各层重量重心（相对柱 1 位置）、构造柱与砖墙的轴力和轴压比。在楼板次梁砖混计算时自动形成各层 X 和 Y 方向的侧移刚度比（采用剪切刚度的计算方法，没有考虑首层嵌固边界条件对首层侧移刚度的贡献），并记入 filename.cwp 文本文件。

13.1.2 计算模型的合理简化

1．纯砖混和混合平面的标准层划分

砖混平面每一结构层的抗震验算、受压验算、轴力和剪力都不同，所以 CAD 要求录入时每一砖混平面必须划分为一个标准层，框架部分只要求平面布置和荷载一样的就可划分同一标准层。

2．纯砖混和混合平面的柱

纯砖混平面所有的柱必须作为矩形柱输入，CAD 自动认为是构造柱，承担次梁和上一层柱的恒活荷载，对砖墙的抗震验算起一定的作用，filename.cwp 文本文件中提供构造柱的轴力、轴压比，在施工图没有计算配筋面积，现版本纯砖混平面中布置异形柱和混凝土剪力墙，其上的荷载没有往下传导。

混合结构平面内的柱可以是矩形柱、圆柱和 L、T、十形异形柱，所有的柱在 SS 计算，在施工图可得到计算配筋面积和轴压比。因次梁导荷后没有进入空间分析，所以谨防出现没有任何主梁和砖墙相连的柱，混合结构平面内允许有混凝土剪力墙。

3．纯砖混和混合平面的梁

纯砖混平面所有的梁都作为次梁输入，只承担竖向恒活荷载，最终导荷到构造柱和砖墙上，其中悬臂次梁有三方导荷比例分配外，一般的次梁有构造柱则全部导到构造柱上，没有构造柱则导到砖墙上，次梁模型是模拟设计人员手工导荷较好的方法。次梁在"楼板次梁砖混计算"中计算，在施工图中可得到正确的内力、配筋、钢筋和挠度裂缝等。

混合结构平面内有主梁，也有次梁，所有的主梁在 SS 计算，次梁在"楼板次梁砖混计算"中计算，在施工图中可得到正确的内力、配筋、钢筋和挠度裂缝等。

纯砖混平面、底框和混合顶层允许次梁托构造柱，因混合和框架部分需进入空间分析，而次梁不进入空间分析，所以混合和框架内部不允许次梁托柱，否则此柱可能下端悬空。

4．砖混平面悬臂梁的输入

悬臂次梁有两种输入方法，第一种方法是点按"建悬臂梁"按钮利用同方向的次梁向外延伸，第二种方法是点按"距离次梁"，利用与悬臂次梁垂直的砖墙往一侧方向挑出悬臂次梁，当单跨悬臂时常用第二种方法，计算时按单跨悬臂次梁计算，对于伸入部分的构造做法请工程师在梁通用图中加以统一说明即可。

5．砖混基础的处理

砖混基础一般选择条基，材料可以是毛石和混凝土等，根据广厦楼板次梁砖混计算中显示的底层大片墙体平均轴力（蓝色数据）人工计算基础大小，广厦配筋系统（平法版）中"主菜单—参数控制信息—砖墙下条基控制"下可设置地基承载力设计值和常用条基宽度等信息，在平法施工图系统中的第零层可得到CAD自动根据底层大片墙体平均轴力形成的条基平面图，光盘中DWG子目录下提供毛石基础的剖面大样提供给工程师参考使用，若某段砖墙或构造柱力比较大工程师自己手工加强基础。

砖混基础若采用桩基需计算桩基承台，此承台按梁计算，在本CAD中加一层底框结构，在梁下桩处布置圆柱代替挖孔桩，广厦配筋系统（平法版）中"主菜单—参数控制信息—施工图控制"下可设置建筑二层为结构录入的第二层和第一标准层为地梁层即可。

混合结构柱下基础设计可采用广厦桩基础或扩展基础CAD进行设计，在施工图系统中可得到砖墙下条基平面图，最后设计人员可采用Autocad把两类基础平面图合成在一起。

6. 底框中把砖墙作为抗震墙

底框中水平力主要由抗震墙承担，当底框中的抗震砖墙按混凝土剪力墙输入时，虽然剪力墙刚度增大了，但空间分析中其他梁和柱主要承担竖向荷载，剪力墙刚度增大对梁和柱影响不大。为减少与剪力墙相连梁的负弯矩，可以减少剪力墙的厚度，以减少剪力墙刚度增大带来的负面影响。

也可以作为混合结构处理，混合结构平面中砖墙自动等刚度进入SS空间分析计算。

另外在"广厦楼板次梁砖混计算"中调入最下层砖混平面，点按"主菜单—砖混计算—抗震验算"时说明中显示地震剪力V，可用于求出抗震砖墙的数量。

7. 砖墙作为承重墙构件还是作为荷载输入

在框架结构中所有砖墙都作为恒载输入，在底框结构中，底框上部的砖墙作为承重砖墙输入，不能在底框顶层作荷载输入，在砖混平面中同一位置既有砖墙又有次梁，此砖墙必须在前一标准层作荷载输入。

8. L形开间布板

L形开间不是现浇板时，应布置宽度为零的虚梁把L形开间分割成两个矩形开间，再分别布置板。

9. 底框计算考虑上部砖混水平力

CAD自动把上部砖混的恒载和活载导到底框顶部，因此，在进行底框抗震计算时地震力已放大。底框计算时已按刚度分布考虑上部砖房地震作用产生的水平力和倾覆力矩；若要考虑上部砖房风荷载作用，请把SS总体信息中的基本风压设的足够大使SS计算结果总信息中的总风荷载大于实际风荷载。

13.1.3 计算结果的正确判断

1. 抗震验算

显示结果为抗力和荷载效应的比值，当大于等于1时，满足抗震强度要求，当小于1时，此时整片墙抗震验算结果后显示按计算得到的该墙体层间竖向截面中所需水平钢筋的总截面面积（单位为cm^2），供用户作配筋时使用。

2. 受压验算

砖墙抗力和荷载效应比（即$\varphi Af/N$）中，影响系数φ根据砖墙的高厚比和上下偏心按规范求解，即当验算结果大于等于1时满足强度要求。

对于次梁端的局部受压验算，工程师根据"广厦楼板次梁砖混计算"中的梁剪力手工验算局部受压。

3. 纯砖混、底框和混合结构的侧移刚度比

侧移刚度的计算采用剪切刚度方法见前面广厦建筑结构 CAD 的基本原理下广厦砖混结构计算的章节。

在主控菜单点按"查看砖混计算结果总信息"自动打开 filename.cwp 文本文件。当在录入系统中选择"生成砖混数据"时，程序自动导荷并形成 filename.cwp，此文本文件中提供构造柱的轴力、轴压比和各层重量。在"楼板次梁砖混计算"时自动形成各层 X 和 Y 方向的侧移刚度比，并记入 filename.cwp 文本文件，（采用剪切刚度的计算方法，没有考虑首层嵌固边界条件对首层侧移刚度的贡献）。

另外在"广厦楼板次梁砖混计算"中，选择首层砖混平面，点按"主菜单——砖混计算——抗震验算"，图形说明中，Dx2/Dx1 为 X 向二层与底层侧移刚度比值，Dy2/Dy1 为 Y 向二层与底层侧移刚度比值。7 度时比值不应大于 3，7 度以上时比值不应大于 2。

13.2 SS 设 计

13.2.1 SS 总体信息的合理选取

1. 结构计算总层数

设置包含框架平面和砖混平面的结构计算平面总层数，结构计算平面可以是包含承台上拉接地梁的基础层、地下室平面层、上部结构平面层和天面结构层，结构层号从 1 开始到结构计算总层数。最后生成的结构施工图是按建筑层编号，在平法和梁柱表版的配筋系统中，可在点按"主菜单——参数控制信息——施工图控制"中设置建筑二层对应结构录入的第几层来实现结构层号到建筑层号的自动转化。

2. 绘图窗口 X 向和 Y 向最大尺寸

绘图窗口总体坐标的原点在窗口的左下角，根据所设置的 X 和 Y 向最大尺寸 CAD 可自动控制绘图窗口的大小，输入轴网时，使整个轴网系统离绘图窗口的左边和下边保持一定距离。当结构平面比较小时，X 和 Y 向最大尺寸可设小一些，使右上角的空白减小；当结构平面比较大，超出当前绘图窗口，X 和 Y 向最大尺寸可设大一些，使结构平面缩进绘图窗口。此种情况在第一标准层并且还没有输入第二标准层平面数据时，点按按钮窗口的"显示全图"，录入系统自动调整使结构平面在绘图窗口正中，且周边留有一定空白，所以工程师一般不用设置这两参数。

3. 结构形式

结构形式分为：1 框架、2 框剪、3 剪力墙和 4 筒体结构；不同的结构形式重力二阶效应及结构稳定验算不同，验算结果在"SS 计算结果总信息"中。

4. X 和 Y 向地震荷载作用（考虑：1；不考虑：0）

SS 在地震力计算中，采用考虑扭转影响的层模型侧向刚度来进行地震分析，没有考虑耦联。在非抗震区不考虑地震作用，此时工程师检查框架抗震等级是否设为 4 级，在生成施工图时构造要求受抗震等级控制。

5. 连梁刚度折减系数（0.55～1.0）

连梁刚度折减系数,主要是指那些两端与剪力墙相连的梁,由于梁两端所在的点刚度往往很大,连梁得到的内力相应就会很大,所以很可能出现超筋。根据以往的实验依据,在连梁进入塑性状态后,允许其卸载给剪力墙,而剪力墙的承载力往往较高,因此这样的内力重分布是允许的,取 0.55~1.0。

6. 梁刚度增大系数(1.0~2.0)

主要考虑现浇板对梁的作用,楼板和梁一起按照 T 形截面梁工作,而计算时梁截面取矩形,因此可以考虑梁的刚度放大,预制楼板结构,板柱体系的等代梁结构该系数不能放大,该系数对连梁不起作用。

7. 梁弯矩增大系数(1.0~1.3)

空间分析难以考虑活荷载的最不利分布,当活荷载的影响较大时,为了弥补主梁跨中和支座弯矩偏小而设该放大系数,一般工程取 1.2。

8. 梁扭矩折减系数(0.4~1.0)

考虑楼板对主梁的约束作用,在计算配筋时,无条件对梁的组合扭矩进行折减,一般取 0.8。

9. 结构安全等级(1、2、3)

根据建筑结构破坏后果的严重程度,建筑结构应按下表划分为 3 个安全等级。设计时应根据具体情况,选用适当的安全等级。

建筑结构的安全等级　　　　表 13-1

安全等级	破坏后果	建筑物类型
一级	很严重	重要的建筑物
二级	严重	一般的建筑物
三级	不严重	次要的建筑物

注:承受恒载为主的轴心受压柱、小偏心受压柱,其安全等级应提高一级。

结构构件的承载力设计表达式为:

$$\gamma_0 S \leqslant R \tag{13-1}$$

其中,γ_0 为结构构件的重要性系数,对安全等级为一级、二级、三级的结构构件,应分别取 1.1、1.0、0.9。

10. 梁端弯矩调幅系数

通过调整使梁端负弯矩减少,并增加跨中弯矩,使梁上下配筋均匀一些,一般工程取 1.0,当梁端为柱或墙且为负弯矩时调幅,当梁端为正弯矩时不调幅。悬臂梁自动不调幅。

11. 活载准永久值系数

用于梁板挠度裂缝计算中的活荷载折减,具体数值见《建筑结构荷载规范》GB 50009—2001 的 4.1.1 条。

12. 鞭梢小楼层数

顶层小塔楼在动力分析中会引起很大的鞭梢响应,结构高振型对其影响很大,所以在有小塔楼的情况下,按规范所取的振型数之地震力往往偏小,给设计带来不安全因素。在取得足够的振型后,也宜对顶层小塔楼的内力作适当放大,放大系数为 1.5。

注意：如果小塔楼的层数大于两层，则振型应取再多些，直至再增加振型数后对地震力影响很小为止。

13．设计地震分组

1、2、3组根据《建筑抗震设计规范》GB 50011—2001附录A给出。

14．振型数

振型数小于等于框架结构总层数，当总层数为1时，振型数取1，一般工程取3个振型以上，对顶部有小塔楼、转换层等结构形式应取得多些。

15．水平地震影响系数最大值和特征周期

水平地震影响系数最大值设为零时，CAD自动按抗震烈度查表得到水平地震影响系数最大值，同理特征周期设为零时，CAD自动按设计地震分组和场地土类查表得到特征周期，否则地震计算时按设定值计算。

16．框架和剪力墙抗震等级

墙柱梁板的最小配筋率和最小体积配箍率等构造要求受抗震等级控制，准确选取抗震等级将保证生成施工图时合理的构造控制。当抗震等级设为5时构造要求按非抗震处理，当抗震等级设为0时计算按特一级处理，构造要求按一级抗震处理。录入系统中可单独指定某根墙柱和梁的抗震等级。

17．计算地震活载折减系数（0.5~1.0）

计算地震作用时，求重力荷载代表值要考虑活载的折减系数，它对竖向荷载作用下的内力计算无影响，一般的民用建筑取0.5。

18．周期折减系数（0.6~1.0）

周期折减系数主要用于框架、框架剪力墙或框架筒体结构。由于框架有填充墙（指砖），在早期弹性阶段会有很大的刚度，因此会吸收较大的地震力，当地震力进一步加大时，填充墙首先破坏，则又回到计算的状态。而在SS计算中，只计算了梁、柱、墙的刚度，并由此刚度求得结构自振周期，因此结构实际刚度大于计算刚度，实际周期比计算周期小。若以计算周期按规范方法计算地震作用，则地震作用会偏小，使结构分析偏于不安全，因而对地震作用再放大些是有必要的。周期折减系数不改变结构的自振特性，只改变地震影响系数。

计算地震影响系数时取 $\left(\dfrac{T_g}{T \cdot TC}\right)^{0.9}$

周期折减系数的取值视填充墙的多少而定

结构类型	填充墙较多	填充墙较少
框架结构	0.6~0.7	0.7~0.8
框剪结构	0.7~0.8	0.8~0.9
剪力墙结构	1.0	1.0

19．地震力调整系数（0.8~2.0）

这是一个无条件放大系数，当结构由于受到结构布置等因素影响，使得地震力上不去，但周期、位移等又比较合理，是可以通过此参数来放大地震力，一般取0.8~2.0之间。在"SS计算结果总信息"中提供了各层的剪重比，若剪重比不满足《建筑抗震设计规范》GB 50011—2001的要求，可设置增大系数直到计算满足为止。

20. 计算扭转的地震方向

质量和刚度分布明显不对称的结构，应计入双向水平地震作用下的扭转影响，双向水平地震作用下的扭转效应计算公式见《建筑抗震设计规范》GB 50011—2001 的 5.2.3 条。

21. 考虑偶然偏心

计算地震作用时，高层规则结构应考虑偶然偏心的影响，见《高层建筑混凝土结构技术规程》JGJ 3—2002 的有关规定。

22. 考虑模拟施工

一般计算时，竖向荷载是结构整体完成后在整个结构上一次施加的，没有考虑施工过程逐层加载，逐层找平的因素，这样对轴向变形往往偏大，使得结构的上层构件计算结果与实际不符，特别是结构竖向构件刚度分布不均匀或结构层数较多时，其计算结果影响更大，有的梁端弯矩会出现反向，有的柱也会出现拉力现象。

模拟施工的计算过程，可以克服上述的问题。在施工过程中，在某一层加载时，该层及其以下各层的变形不受该层以上各层的影响，而且也不影响上面各层。结构在竖向荷载作用下的变形形成过程如图 13-1 所示。

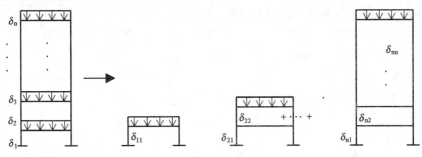

图 13-1

SSW 的模拟施工计算，完全是按上图的施工过程式进行的。而 SS 的模拟施工计算，是采用了近似的方法，其过程如图 13-2 所示。

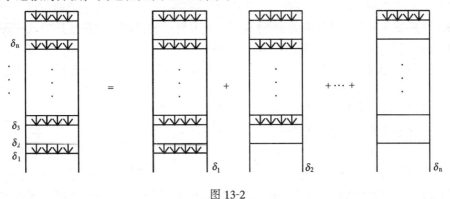

图 13-2

23. 框架剪力调整

对于框架剪力墙结构，一般剪力墙的刚度很大，剪力墙吸引了大量的地震力，而框架所承担的地震力很小。对于框架部分，如果按这样的地震力设计，在剪力墙开裂后就会很不安全。所以需要让框架部分承担至少 20% 的基底剪力，以增加框架的安全度。是否调整应根据具体工程而定。对柱少剪力墙多的框剪结构，一般不调整。

24. 指定钢筋强度

可以输入钢筋级别或强度,若Ⅰ级取 210N/mm², Ⅱ级取 300N/mm², Ⅲ级取 360N/mm², 计算和施工图将自动按设定的钢筋处理。

13.2.2 计算模型的合理简化

1. 次梁在模型简化中的重要性

按刚度分配内力是一种主梁模型简化方法,可能形成不是最好的受力模型,当梁的传力明确和两端的边界条件接近铰接时,可以采用次梁的模型,这样传力方向掌握在设计人员手上,否则会出现该配筋大的梁不大,不该配筋大的梁又大的不合理分配的现象,所以在主梁模型之上引入次梁的概念可以更好地解决梁模型简化准确性的问题。

2. 剪力墙的输入

在 SS 的计算中,剪力墙是作为主要抗侧力结构。在实际受力过程中,侧向力的分配原则是按刚度分配的,即刚度越大分配到的侧向力越大。因此对于多肢剪力墙组成的薄壁柱,为了使其受力更合理最好加以简化。如图 13-3 所示,剪力墙的长度不宜大于 8m。对多肢联在一起的情况最好用洞口分开。对框剪结构和剪力墙结构应使每个薄壁柱的刚度尽量均匀。在 SS 中每个薄壁柱上的内节点数必须≤30。

由人为开洞的薄壁柱,洞口处可用深梁连接,在实际施工时再按无洞处理,如洞口开得较大,则施工时应留出该洞,不用时可用砖填上。

3. 剪力墙的洞口处理

由于 SS 为薄壁柱模型,墙上开洞不影响刚度,因此,对刚度影响大的洞口,可用录入系统"连梁开洞"功能开洞,同时上部用深梁连接,对刚度影响小的洞口,不用输入。

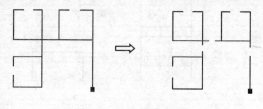

图 13-3 剪力墙的简化

4. 转换层结构的处理

由于上下使用功能的变化,产生上下结构层布置的不同,设计中把前一结构层定义为转换层,转换层和转换层前的标准层输入同一般工程,转换层后的标准层输入步骤如下:

(1) 进入转换层后一标准层,跨层拷贝数据同前一标准层。

(2) 先删除无用的墙柱梁,再删除多余的轴网,(至少应留下一个轴网用于定位新轴网,等以后再删除)。

(3) 根据老轴网位置,布置新轴网,布置墙柱梁板。

(4) 标准层输入同一般工程输入。

(5) 选择"主菜单——工程——生成 SS 计算数据",录入系统自动形成上下节点对应关系,若有警告,进行错误处理。

(6) 因为形成上下节点对应关系时,录入系统自动改变了转换层数据,所以工程师须进入转换层,选择"主菜单——数据检查",进行数据检查,处理出现的警告。

转换层结构模型的合理性与上下节点寻找方法有很大关系,准确的上下节点对应关系保证合理的上下传力,录入系统生成 SS 计算数据时作如下处理:

(1) 上节点为矩形、圆形、异形柱和单肢剪力墙,自动以其形心找下节点,若找不到,并且该点落在主梁上,此主梁自动分断和布置一虚柱,自动处理相关墙柱梁板的变化。

(2) 多肢剪力墙寻找下节点方法。若上下层薄壁柱为一对一关系，则无问题。若为一对多，则应对传力进行简化，保证传力正确性。如可用"连梁开洞"功能将上层一个薄壁柱分割为多个薄壁柱，使传力明确。一般情况下，程序以上层薄壁柱的形心或内点找下层节点，该点为上层薄壁柱对应的下节点。

(3) 对框支梁内力计算要准确，应采用平面有限元计算的方法，此功能在"图形方式查看计算结果"模块中。

注意：对于框支梁在录入系统中须按《建筑抗震设计规范》GB 50011—2001 第3.4.3中规定采用"主菜单—平面图形编辑—梁编辑—按钮窗口—修改梁—内力增大"功能设置框支梁内力增大系数 1.25~1.5，框支柱信息是在"生成 SSW 计算数据"时 CAD 自动形成，框支柱结构（柱托剪力墙）必须采用 SSW 计算，计算已自动按框支柱处理。

5. 剪力墙端柱的处理

在框剪结构中，剪力墙带端柱很常见，带端柱剪力墙不但能提高自身的承载能力，也能解决与梁的连接、锚固等问题。

工程师在录入系统中分别布置剪力墙和矩形柱，点按"连梁开洞"，在剪力墙与柱间布置深梁，梁长要大于剪力墙厚度，梁宽度等于剪力墙墙宽，梁高等于半层高或层高。

在 Autocad 等图形编辑中，修改剪力墙施工图，端柱配筋等于矩形柱配筋和剪力墙暗柱配筋之和，根据经验可适当减少。

6. 柱墙上下偏心

当遇到柱墙上下有偏心时，程序将自动在上柱的下端加一水平刚域。

刚域的存在对结构整体刚度有较大的影响，尤其是遇到转换层结构等上下偏心较大的时候，更应慎重，处理不当会给计算带来较大的误差。

刚域从另一个角度上理解就是人为地把某根柱、墙所受的力传递到一指定点，并加上附加力（如轴力产生的附加弯矩等），这样的强制传递会产生一定的误差。

剪力墙采用薄壁杆件原则，翘曲自由度是反映剪力墙变形的主要因素，但一旦通过刚域则上层剪力墙的翘曲变形传不过来，则亦会产生误差。

因此，在使用 SS 程序中，用户在处理剪力墙模型时，对剪力墙开洞应尽量对齐，减少上下偏心。

7. 梁柱的偏心连接

在实际工程中，梁柱偏心连接，SS 计算时梁自动把柱形心作为连接点，考虑梁对柱产生的偏心弯矩。

8. 建筑物顶部小塔楼的处理

当建筑物顶部有多个塔楼时，原则上说，由于程序内定刚性楼板假定，则对多个塔楼的情况应按多塔模型计算，因为两塔楼之间的变形不协调。

但对于层数小于 3 层的顶部多塔结构来说，由于塔楼的独立变形对整体结构影响不大，且自身变形也小，因此把不同塔楼的同一层看在是整体协调变形，应对主体结构的计算影响不大，而自身虽有误差，但塔楼之间的相对变形小，在计算后做适当放大，可保证设计。

9. 大底盘多塔结构

SS 适用于单塔结构,对多塔结构只能象顶部塔楼一样简化处理,建议多塔结构选择广厦结构计算 SSW 进行计算。

10. 错层结构

错层结构主要是有跨层柱的计算问题,如从第 1 层结构平面到第 3 层结构平面有一柱为跨层柱。若采用 SS 计算,在录入系统中第 2 层结构平面仍布置该柱,无梁相连,计算时满足第 2 层平面无限刚的要求,近似计算跨层柱,工程师在施工图还应人工修改跨层柱钢筋,这种计算方法不适合高度太大的跨层柱,建议选择广厦结构计算 SSW 计算跨层柱。

11. 挡土墙的处理

因为挡土墙主要用于抗侧向力,与抗纵向力的剪力墙不同,当地下室同上部结构一起计算时,应作简化,与梁相连的挡土墙处布矩形柱,矩形柱间用深梁来模拟挡土墙,土压力可简化为柱上的集中弯矩,这样其他梁柱计算准确,工程师人工进行计算挡土墙部分内力和配筋。

12. 恒、活载问题

程序中将恒、活荷载分开。荷载组合中也按规范要求,对恒载,其效应对结构不利时,分项系数取 1.35;对结构有利时,分项系数取 1.0。对活荷载,分项系数取 1.4,活荷载只做不利组合没有考虑不利布置。

13. 井字梁和板柱结构的处理

井字梁在录入系统中必须按主梁输入,进入 SS 计算,CAD 自动在合并梁跨后计算挠度和裂缝,构造满足次梁要求。

板柱结构中没有梁与柱相连,可以用柱上板带作为等代框架梁,等代框架梁的刚度由板宽决定,一般取柱距的 1/2 板宽作为等代梁的宽。

14. 主梁和次梁的区别

建模时区分主次梁比全部都作为主梁模型更合理,所以建议工程师主次梁分别输入,主梁进入 SS 进行空间分析,内力按刚度分配,次梁在广厦楼板次梁砖混计算中按连续梁计算,具体方法见第 1 章的楼板次梁计算有关的内容,框架梁、井字梁、阳台封口折梁等相交梁或主次不分明的梁都作为主梁输入,梁相交主次分明按主次梁输入,生成施工图时 CAD 自动把无柱相连的主梁按次梁选筋和编号。

15. 异形柱的处理

在录入系统中,有 L、T 和十形异形柱的直接输入,CAD 通过鼠标左右键可方便地控制异形柱角度和尺寸,若是 Z 形柱,工程师可简化成两 L 形柱或等刚度成矩形柱来计算内力,异形柱的配筋计算采用整个异形柱截面单向偏压、拉配筋计算和双向偏压配筋验算方法,CAD 自动取两种方法的最大值。

异形柱设计需注意的问题:

(1) 纯异形柱框架结构用于 7 层以上抗震结构时应慎重;带有斜撑或剪力墙的异形柱结构适用层数可适当放宽,异形柱轴压比的限值决定了结构最大层数。

(2) 异形柱不宜按剪力墙输入程序计算,最好是采用广厦结构计算 SS/SSW,异形柱作为异形截面柱参与内力分析,配筋计算采用异形截面单向偏压、偏拉计算和双向偏压验算的方法。对特殊截面尺寸的异形柱,可折算成等刚度矩形柱输入。

(3) 也可以手工计算配筋，求得矩形柱内力后，将内力转移至异形柱形心。然后由形心内力，按"广东省钢筋混凝土异形柱设计规程"或"天津市标准大开间住宅钢筋混凝土异形柱框轻结构技术规程"查图表配置异形柱配筋，但是注意各规程异形柱截面不是很丰富。

(4) 无填充墙的架空层不宜采用异形柱，若定要采用，宜加大壁厚，以改善异形柱抗剪和抗扭性能。

(5) 在抗震设计中异形柱和梁的节点必须验算，在"配筋系统"柱选筋控制中有按钮控制。

13.2.3 查询 SS 有关计算结果

1. SS 计算结果总信息（MODES 文件）

包含总信息、楼层的重量 W、质量 WG（对活荷载可折减）、重心坐标 X、Y（相对柱 1 的位置），地震周期 T1~T3，振型 X1~X3，地震力 P1~P3，各组荷载作用下、楼板参考点产生之水平位移 U、V、a 及风和地震的层间位移与层高之比 u/h、顶点位移与总高之比 U/H、各层剪重比、侧向刚度比值（没有采用剪切刚度的计算方法，而采用了剪力除以位移的方法，此方法考虑首层嵌固边界条件对首层侧移刚度的贡献，真实地反应了实际的侧向刚度比值，剪切刚度的计算方法只是侧向刚度比值的近似方法，不适合首层和某些竖向不规则结构的侧向刚度比值计算）、倾覆力矩、12层框架罕遇地震下的薄弱层验算结果、楼层层间抗侧力结构的承载力。

2. 节点位移（DELTA 文件）

3. 杆端内力（FORCE 文件）

4. 组合内力及配筋（REINF 文件）

5. 各工况组合前的第一层柱（墙）底内力（FLOS 文件）

6. 超筋信息文件（BCWE 文件）

7. 出错信息文件（DATERR 文件）

8. 第一层柱（墙）底最大内力（COLNMV 文件）

9. 各工况组合前的各层柱（墙）底内力（COLLOW 文件）

以上各文件的详细说明请查询 SS 计算说明书，各工程可在相应的工程子目录中寻找上面的文件，以上文件可用写字板打开。

另外，有些结果可以通过图形显示和打印，板的弯矩、配筋面积和裂缝挠度可以在施工图系统的"板归并"中查询，梁的弯矩、最大剪力、配筋面积和裂缝挠度可以在施工图系统的"梁归并"中查询，柱的轴压比、配筋面积和配箍面积可以在施工图系统的"柱归并"中查询，第一层柱底最大轴力对应的内力可以在基础 CAD 中查询，砖混的计算结果可以在楼板次梁砖混计算中的"砖混计算"菜单中查询，以上结果都可以生成 DWG 格式图形文件打印出来。

13.3 SSW 设 计

13.3.1 SSW 总体信息的合理选取

1. 结构计算总层数

设置包含框架平面和砖混平面的结构计算平面总层数,结构计算平面可以是包含承台上拉接地梁的基础层、地下室平面层、上部结构平面层和天面结构层,结构层号从1开始到结构计算总层数。最后生成的结构施工图是按建筑层编号,在平法和梁柱表版的配筋系统中,可在选择"主菜单——参数控制信息——施工图控制"设置建筑二层对应结构录入的第几层来实现结构层号到建筑层号的自动转化。

2. 绘图窗口 X 向和 Y 向最大尺寸

绘图窗口总体坐标的原点在窗口的左下角,根据所设置的 X 和 Y 向最大尺寸CAD可自动控制绘图窗口的大小,输入轴网时,使整个轴网系统离绘图窗口的左边和下边保持一定距离。当结构平面比较小时,X 和 Y 向最大尺寸可设小一些,使右上角的空白减小;当结构平面比较大,超出当前绘图窗口,X 和 Y 向最大尺寸可设大一些,使结构平面缩进绘图窗口。此种情况在第一标准层并且还没有输入第二标准层平面数据时,点按按钮窗口的"显示全图",录入系统自动调整使结构平面在绘图窗口正中,且周边留有一定空白,所以工程师一般不用设置这两参数。

3. 结构形式

结构形式分为:1框架、2框剪、3剪力墙和4筒体结构;不同的结构形式重力二阶效应及结构稳定验算不同,验算结果在"SSW计算结果总信息"中。

4. 计算竖向地震

对于9度地震区,SSW程序可以进行竖向地震力的计算。根据《建筑抗震设计规范》GB 50011—2001 第5.3条规定的方法计算竖向地震力的标准值,然后作为外荷载作用在结构上,求出各个构件的内力,并参与内力组合。有关组合原则和系数见《高层建筑三维(墙元)分析程序SSW》。

5. 连梁刚度折减系数

连梁刚度折减系数,主要是指那些两端与剪力墙相连的梁,由于梁两端所在的点刚度往往很大,连梁得到的内力相应就会很大,所以很可能出现超筋。根据以往的实验依据,在连梁进入塑性状态后,允许其卸载给剪力墙,而剪力墙的承载力往往较高,因此这样的内力重分布是允许的,取 0.55~1.0。

6. 梁刚度增大系数(1.0~2.0)

主要考虑现浇板对梁的作用,楼板和梁一起按照T形截面梁工作,而计算时梁截面取矩形,因此可以考虑梁的刚度放大,预制楼板结构,板柱体系的等代梁结构该系数不能放大,该系数对连梁不起作用。

7. 梁弯矩增大系数(1.0~1.3)

空间分析难以考虑活荷载的最不利分布,当活荷载的影响较大时,为了弥补主梁跨中和支座弯矩偏小而设该放大系数,一般工程取1.2。

8. 梁扭矩折减系数(0.4~1.0)

考虑楼板对主梁的约束作用,在计算配筋时,无条件对梁的组合扭矩进行折减,一般取0.8。

9. 结构安全等级

根据建筑结构破坏后果的严重程度,建筑结构应按下表划分为3个安全等级。设计时应根据具体情况,选用适当的安全等级。

建筑结构的安全等级 表13-2

安全等级	破坏后果	建筑物类型
一级	很严重	重要的建筑物
二级	严重	一般的建筑物
三级	不严重	次要的建筑物

注：承受恒载为主的轴心受压柱、小偏心受压柱，其安全等级应提高一级。

结构构件的承载力设计表达式为：
$$\gamma_0 S \leqslant R \tag{13-2}$$

其中，γ_0 为结构构件的重要性系数，对安全等级为一级、二级、三级的结构构件，应分别取 1.1、1.0、0.9。

10. 梁端弯矩调幅系数

通过调整使梁端负弯矩减少，并增加跨中弯矩，使梁上下配筋均匀一些，一般工程取1.0，当梁端为柱或墙且为负弯矩时调幅，当梁端为正弯矩时不调幅。悬臂梁不调幅。

11. 墙柱基础考虑活载折减

当设为1时，计算墙柱内力、配筋和轴压比时考虑活荷载折减，输出给基础的各组内力也考虑活荷载折减，具体折减方法见《建筑结构荷载规范》GB 50009—2001 的 4.1.2 条表 4.1.2，SSW 计算可选择，而 SS 计算缺省没有考虑折减，可采用写字板修改 filename.dat 文件打开开关，修改哪个标志参见 SS 计算说明书。

12. 活载准永久值系数

用于梁板挠度裂缝计算中的活荷载折减，具体数值见《建筑结构荷载规范》4.1.1条。

13. 鞭梢小楼层数

顶层小塔楼在动力分析中会引起很大的鞭梢响应，结构高振型对其影响很大，所以在有小塔楼的情况下，按规范所取的振型数之地震力往往偏小，给设计带来不安全因素。在取得足够的振型后，也宜对顶层小塔楼的内力作适当放大，放大系数为1.5。同时接着输入小塔楼对应的结构层号。

注意：如果小塔楼的层数大于两层，则振型应取再多些，直至再增加振型数后对地震力影响很小为止。

14. 设计地震分组

应根据《建筑抗震设计规范》GB 50011—2001 附录 A 给出。

15. 地面层对应的结构层号

指定哪一层为 ±0.000，用于地下室与上部结构共同计算，没有地下室联合计算时为0，设定地面嵌固层，当有二层地下室时，地面层对应的结构层号为2，若选择剪力调整，第一个 V_0 所在的层须设为此结构层号。只考虑准确的风荷在计算和首层柱内力放大，地震还是按整个结构层计算。

16. 地震力作用方向

可取最多8个地震作用方向，单位度，一般取刚度较强和较弱的方向为理想地震作用方向，规则的异形柱结构至少设置4个地震方向：0，45，90，135。

17. 振型数

SSW考虑扭转耦联计算,振型数最好大于等于9。振型数的大小与结构层数及结构形式有关,当结构层数较多或结构层刚度突变较大时,振型数也应取得多些,如顶部有小塔楼、转换层等结构形式。对于多塔结构振型数可取大于等于18,对大于双塔的结构则应更多。振型数可大于结构总层数,满足min(振型数×2,振型数+8)<3×结构总层数。

18. 水平地震影响系数最大值和特征周期

水平地震影响系数最大值设为零时,CAD自动按抗震烈度查表得到水平地震影响系数最大值,同理特征周期设为零时,CAD自动按设计地震分组和场地土类查表得到特征周期,否则地震计算时按设定值计算。

19. 框架和剪力墙抗震等级

墙柱梁板的最小配筋率和最小体积配箍率等构造要求受抗震等级控制,准确选取抗震等级将保证生成施工图时合理的构造控制。抗震等级设为5时构造要求按非抗震处理,当抗震等级设为0时计算按特一级处理,构造要求按一级抗震处理。录入系统中可单独指定某根墙柱和梁的抗震等级。

20. 计算地震活载折减系数(0.5~1.0)

计算地震作用时,求重力荷载代表值要考虑活载的组合系数,它对竖向荷载作用下的内力计算无影响,一般的民用建筑取0.5。

21. 周期折减系数(0.6~1.0)

周期折减系数主要用于框架、框架剪力墙或框架筒体结构。由于框架有填充墙(指砖),在早期弹性阶段会有很大的刚度,因此会吸收较大的地震力,当地震力进一步加大时,填充墙首先破坏,则又回到计算的状态。而在SSW计算中,只计算了梁、柱、墙的刚度,并由此刚度求得结构自振周期,因此结构实际刚度大于计算刚度,实际周期比计算周期小。若以计算周期按规范方法计算地震作用,则地震作用会偏小,使结构分析偏于不安全,因而对地震作用再放大些是有必要的。周期折减系数不改变结构的自振特性,只改变地震影响系数。

计算地震影响系数时取 $\left(\dfrac{T_g}{T \cdot TC}\right)^{0.9}$

周期折减系数的取值视填充墙的多少而定

结构类型	填充墙较多	填充墙较少
框架结构	0.6~0.7	0.7~0.8
框剪结构	0.7~0.8	0.8~0.9
剪力墙结构	1.0	1.0

22. 地震力调整系数(0.8~2.0)

这是一个无条件放大系数,当结构由于受到结构布置等因素影响,使得地震力上不去,但周期、位移等又比较合理,是可以通过此参数来放大地震力,一般取0.8~1.5之间。在"SSW计算结果总信息"中提供了各层的剪重比,若剪重比不满足《建筑抗震设计规范》GB 50011—2001的要求,可设置增大系数直到计算满足为止。

23. 计算扭转的地震方向

质量和刚度分布明显不对称的结构,应计入双向水平地震作用下的扭转影响,双向水平地震作用下的扭转效应计算公式见《建筑抗震设计规范》GB 50011—2001 的 5.2.3 条。

24．考虑偶然偏心

计算地震作用时，高层规则结构应考虑偶然偏心的影响，见《高层建筑混凝土结构技术规程》JGJ 3—2002 有关规定。

25．结构计算基底相对地面层标高

指定 SSW 计算时，建筑第零层即基底相对风荷载为零的地面的相对标高，用于准确求解风荷载，为负值时不予考虑，有地下室时请设置地面层对应的结构层号即可准确考虑风荷载计算。

26．考虑模拟施工

一般计算时，竖向荷载是结构整体完成后在整个结构上一次施加的，没有考虑施工过程逐层加载，逐层找平的因素，这样对轴向变形往往偏大，使得结构的上层构件计算结果与实际不符，特别是结构竖向构件刚度分布不均匀或结构层数较多时，其计算结果影响更大，有的梁端弯矩会出现反向，有的柱也会出现拉力现象。

模拟施工的计算过程，可以克服上述的问题。在施工过程中，在某一层加载时，该层及其以下各层的变形不受该层以上各层的影响，而且也不影响上面各层。结构在竖向荷载作用下的变形形成过程如图 13-4 所示：

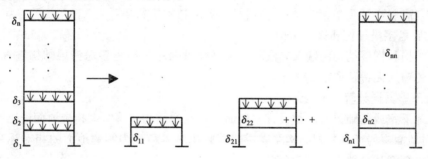

图 13-4

SSW 的模拟施工计算，完全是按上图的施工过程式进行的。而 SS 的模拟施工计算，是采用了近似的方法，其过程如图 13-5 所示：

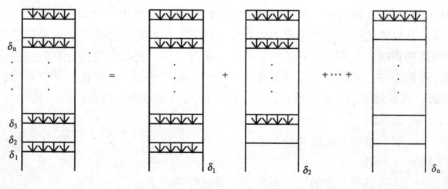

图 13-5

27．框架剪力调整段数（0～10）

等于0为不调整；大于0为调整，并指定调整剪力时有多少个V_0所在的层，如设置为1，V_0所在层一定是地面层加1层，如设置为2，V_0所在层第一个数为地面层对应的结构层号加1层，第二个数可为其他层，之间用逗号分开，地下室不需调整，所以V_0所在层第一个数必须等于地面层对应的结构层号加1，对平面变化较大的结构可进行分段剪力调整。

28．指定钢筋强度

可以输入钢筋级别或强度，若Ⅰ级取$210N/mm^2$，Ⅱ级取$300N/mm^2$，Ⅲ级取$360N/mm^2$，计算和施工图将自动按设定的钢筋处理。

13.3.2 计算模型的合理简化

模型简化除以下几点与SS有区别之外，其他内容参见SS设计中计算模型的合理简化。

1．剪力墙的输入

在SSW的计算中，每一肢剪力墙段细分后作为平面应力单元。剪力墙中每一内点都要参与前后层的剪力墙墙元剖分，此工作在"生成SSW计算数据"时自动完成。单肢剪力墙的长度不宜大于8m，多肢剪力墙内点数必须≤30。目前版本SSW对有洞口剪力墙仍点按"连梁开洞"功能，通过连梁简化剪力墙洞口的计算。

2．转换层结构的处理

参考"高层建筑三维（墙元）分析程序SSW技术资料集"。

3．大底盘多塔结构和错层结构

多塔结构和错层结构的输入方法，见本书中录入系统教程多塔错层结构输入的说明，墙柱梁板的输入无特殊要求。

4．地下室共同计算

当有地下室或基础梁时，须设置"地面层对应的结构层号"来指定地面嵌固层。设置"基底相对地面层的标高"即结构第零层即基底相对风荷载为零的地面的相对标高，用于准确求解风荷载，有地下室时为负值。

13.3.3 查询SSW有关计算结果

1．Filename.MDS

包含总信息、风荷载、层的重量、层的质量（对活荷载可折减）、重心坐标X、Y（相对柱1的位置）、静载分析的位移、动力分析结果、剪重比、侧向刚度比值（没有采用剪切刚度的计算方法，而采用了剪力除以位移的方法，此方法考虑首层嵌固边界条件对首层侧移刚度的贡献，真实地反应了实际的侧向刚度比值，剪切刚度的计算方法只是侧向刚度比值的近似方法，不适合首层和某些竖向不规则结构的侧向刚度比值计算）、倾覆力矩、12层框架罕遇地震下的薄弱层验算结果、楼层层间抗侧力结构的承载力。

2．Filename.REF

梁、柱、剪力墙的内力组合及配筋。

3．Filename.RES

恒、活、风荷载等产生的柱、剪力墙和梁的杆端内力。

4．Filename.REE

各方向地震作用下柱、剪力墙和梁的杆端内力。

5. Filename.DIS
恒、活、风荷载等产生的节点线位移和转角位移。
6. Filename.CLN
各层柱底的最大最小轴力、弯矩、剪力组合内力和竖向荷载下的最大轴力组合。
7. Filename.CLO
各层柱底的求配筋的组合内力与 Filename.CLN 内力差一个 0.85 的系数。
8. Filename.DAA
几何数据文件。
9. Filename.BPL
荷载数据文件。
10. DATA.ERR
数据出错信息文件。
11. REF.ERR
杆件超筋、超限信息文件。

以上各文件的详细说明请查询 SSW 计算说明书，各工程可在相应的工程子目录中寻找上面的文件，以上文件可用写字板打开。

另外，有些结果可以通过图形显示和打印，板的弯矩、配筋面积和裂缝挠度可以在施工图系统的"板归并"中查询，梁的弯矩、最大剪力、配筋面积和裂缝挠度可以在施工图系统的"梁归并"中查询，柱的轴压比、配筋面积和配箍面积可以在施工图系统的"柱归并"中查询，第一层柱底最大轴力对应的内力可以在基础 CAD 中查询，砖混的计算结果可以在楼板次梁砖混计算中的"砖混计算"菜单中查询，以上结果都可以生成 DWG 图打印出来。

13.4 SS 和 SSW 计算结果的正确判断

13.4.1 自振周期

对于比较正常的工程设计，其不考虑折减的计算自振周期大概在下列范围内：
框架结构：
$$T_1 = (0.08 \sim 0.10) n \tag{13-3}$$
框架-剪力墙结构和框架-筒体结构：
$$T_1 = (0.06 \sim 0.08) n \tag{13-4}$$
剪力墙结构和筒中筒结构：
$$T_1 = (0.04 \sim 0.05) n \tag{13-5}$$
式中 n 为建筑物层数。
第2及第3振型的周期近似为：
$$T_2 \approx \left(\frac{1}{5} \sim \frac{1}{3}\right) T_1 \tag{13-6}$$

$$T_3 \approx \left(\frac{1}{7} \sim \frac{1}{5}\right) T_1 \tag{13-7}$$

如果计算结果偏离上述数值太远，应考虑工程中截面是否太大、太小，剪力墙数量是否合理，应适当予以调整。反之，如果截面尺寸、结构布置都正常，无特殊情况而偏离太远，则应检查输入数据是否有错误。

以上的判断是根据平移振动振型分解方法来提出的。考虑扭转耦连振动时，情况复杂得多。首先应挑出与平移振动对应的振型来进行上述比较。至于扭转周期的合理数值，由于经验不多，尚难提出合理的周期数值。

13.4.2 振型曲线

在正常的计算下，对于比较均匀的结构，振型曲线应是比较连续光滑的曲线，不应有大进大出，大的凹凸曲折。

第1振型无零点；第2振型在 $(0.7 \sim 0.8)H$ 处有一个零点；第3振型分别在 $(0.4 \sim 0.5)H$ 及 $(0.8 \sim 0.9)H$ 处有两个零点。

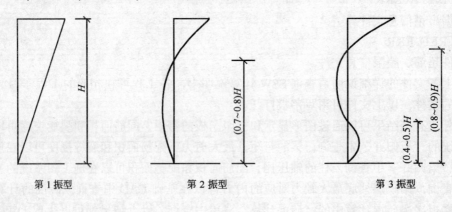

图 13-6

13.4.3 地震力

根据目前许多工程的计算结果，截面尺寸、结构布置都比较正常的结构，其底部剪力大约在下述范围内：

8度，Ⅱ类场地土：

$$F_{EK} \approx (0.03 \sim 0.06)G \tag{13-8}$$

7度，Ⅱ类场地土：

$$F_{EK} \approx (0.015 \sim 0.03)G \tag{13-9}$$

式中，F_{EK} 为底部地震剪力标准值；G 为结构总重量。

层数多、刚度小时，偏于较小值；层数少、刚度大时，偏于较大值，当其他烈度和场地类型时，相应调整此数值。

当计算的底部剪力小于上述数值时，宜适当加大截面、提高刚度，适当增大地震力以保证安全；反之，地震力过大，宜适当降低刚度以求得合适的经济技术指标。

13.4.4 水平位移特征

水平位移满足《高层建筑混凝土结构技术规程》JGJ 3—2002 的要求，是合理设计的必要条件之一，但不是充分条件。即是说：合理的设计，水平位移应满足限值；但是水平位移限值满足，还不一定是合理的结构，还要考虑周期，地震力大小等综合条件。

因为，抗震设计时，地震力大小与刚度直接相关，当刚度小，结构并不合理时，由于地震力也小，所以位移也有可能在限值范围内，此时并不能认为结构合理，因为它的周期长、地震力太小，并不安全。

《高层建筑混凝土结构技术规程》JGJ 3—2002 位移限值放松较多，较容易满足，所以还应综合其他因素。其次，将各层位移连成侧移曲线，应具有以下特征：

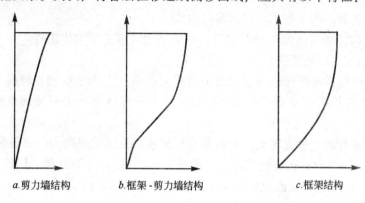

a.剪力墙结构　　　b.框架-剪力墙结构　　　c.框架结构

图 13-7

剪力墙结构的位移曲线具有悬臂弯曲梁的特征，位移越往上增大越快，成外弯形曲线。

框架结构具有剪切梁的特点，越向上增长越慢，成内收形曲线。框架-剪力墙结构和框架-筒体结构处于两者之间，为反 S 形曲线，接近于一直线。

在刚度较均匀情况下，位移曲线应连续光滑，无突然凹凸变化和折点。

13.4.5 内外力平衡

平衡条件程序 SS 和 SSW 本身已严格检查，但为防止计算过程中的偶然因素，必要时可检查底层的平衡条件：

N_i 为底层柱、墙在单组重力荷载下轴力，其和应等于总重量 G。校核时，不应考虑分层加载。

$$\Sigma N_i = G \tag{13-10}$$
$$\Sigma V_i = \Sigma P \tag{13-11}$$

V_i 为风荷载作用下的底层墙柱剪力，求和时应注意局部坐标与整体坐标的方向不同，ΣP 为全部风力值。注意不要考虑剪力调整和施工过程影响。

对地震作用不能校核平衡条件，因为各振型采用 SRSS 法或 CQC 法进行内力组合后，不再等于总地震作用力。

13.4.6 对称性

对称结构在对称外力作用下，对称点的内力与位移必须对称。SS 和 SSW 程序本身已保证了计算结果对称性。如有反常现象应检查输入数据是否正确。

13.4.7 渐变性

竖向刚度、质量变化较均匀的结构，在较均匀变化的外力作用下，其内力、位移等计算结果自上而下也均匀变化，不应有大正大负、大出大进等突变。

13.4.8 合理性

设计较正常的结构，一般而言不应有太多的超限截面，基本上应符合以下规律：

1) 柱、墙的轴力设计值绝大部分为压力；
2) 柱、墙大部为构造配筋；
3) 梁基本上无超筋；
4) 除个别墙段外，剪力墙符合截面抗剪要求；
5) 梁截面抗剪不满足要求、抗扭超限截面不多。

符合上述（4.1 至 4.8 节）八项要求，可以认为计算结果大体正常。

在计算结果应用中还要注意以下一些问题：

1) 采用薄壁杆件模型时，与多肢剪力墙相交的梁，当未作铰接处理时应将跨中配筋适当加大，与墙连接端的支座负筋适当减少，以弥补多肢剪力墙对梁约束程度偏刚的影响；

2) 若程序未作跨层柱处理时，对跨层柱应修正其长细比和内力，重新配筋；

3) 对未指定±0.000位置的程序，一般均将嵌固层当±0.000层；因此，当嵌固端在地下室底板时，程序未对规范要求加强的真正的±0.000层作构造加强，必需人工加强。

13.5 各层信息的合理选取

13.5.1 划分标准层

在纯砖混和底框结构中，每层砖混平面的抗震和受压验算都不同，所以要求每一砖混平面必须划分为不同的标准层，框架或框剪结构中，剪力墙柱梁板的尺寸、位置和荷载相同的结构平面划分为同一标准层，其中同一标准层中剪力墙柱的截面可变化。

13.5.2 设置层高

单塔无错层结构的层高在"主菜单—选项—各层信息输入—设置层高"中设置，多塔错层结构的层高在"主菜单—选项—多塔错层信息—设置下一层和层高"中设置同时在此指定有多塔或错层标志。

当基础承台上的拉接梁作为第一标准层输入时，可粗略从承台底到梁顶距离作为首层高度，当采用 SSW 计算时请在总体信息中设置"地面层对应的结构层号"，当采用 SS 计算时没有考虑基础和地下室共同计算，但多层和水平力不大时误差不大。

13.5.3 设置混凝土等级

混凝土等级范围为 C15-C80，可设置非标准的混凝土级别如 C18，计算和生成施工图时有关参数按线性插值处理。

13.6 选筋原理

CAD 软件自动进行构件选筋和出施工图。简单来说，构件选筋的依据就是计算加构造要求，选筋要符合规范要求，要合理、经济、便于施工。为便于用户控制选筋，广厦 CAD 系统提供许多选筋控制参数。选筋时以结构分析和楼面计算结果的配筋面积为基础，考虑用户控制参数，在满足规范的要求下，经过优化配置，从而得到构件的选筋结果。

13.6.1 梁选筋

如图 13-8 两跨梁

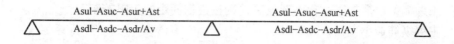

图 13-8

Asul, Asuc, Asur, Ast 分别为结构计算所得梁上部的左端负筋、跨中负筋、右端负筋、抗扭纵筋的配筋面积。

Asdl, Asdc, Asdr, Av 分别为结构计算所得梁下部的左端底筋、跨中底筋、右端底筋、箍筋的配筋面积。

软件提供的由用户控制的梁选筋控制参数见图 13-9。

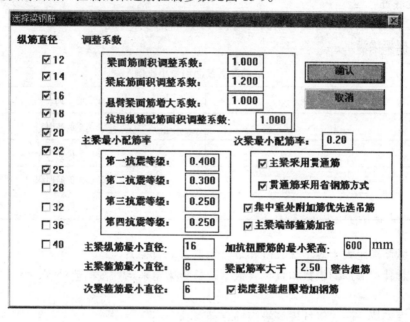

图 13-9

1．调整系数：
(1) 梁面筋面积调整系数，是 Asul、Asuc、Asur 的放大系数；
(2) 梁底筋面积调整系数，是 Asdl、Asdc、Asdr 的放大系数；
(3) 悬臂梁面筋增大系数，是悬臂梁的 Asul 或 Asur 的放大系数；
(4) 梁抗扭纵筋配筋面积增大系数，Ast 的放大系数。

2．纵筋直径：由用户指定本工程梁配筋所采用的钢筋直径；

3．主梁最小配筋率：按照工程的抗震等级，控制框架梁面筋、底筋的最小配筋率；

4．次梁最小配筋率：控制次梁面筋、底筋的最小配筋率；

5．贯通筋：
主梁采用贯通筋，抗震结构一般选择采用贯通筋。
贯通筋采用省钢筋方式，所谓省钢筋，即用较少钢筋（最少为面筋1/4）来贯通，相应钢筋直径较小，根数较多。若不用省钢筋方式，可使钢筋直径大一些，根数少一些。

6．集中重处附加钢筋优先选择吊筋：若选择该项，则优先选吊筋，否则，优先选密箍。程序在判断时，若单选一种不够，则吊筋、密箍都加；

7．主梁端部箍筋加密：若不选该项，则按箍筋间距的上限控制；

8．主梁纵筋最小直径；

9．主梁箍筋最小直径：若小于规范要求，则不起作用；

10．次梁箍筋最小直径：若小于规范要求，则不起作用；

11．加抗扭腰筋的最小梁高：当梁高小于设定值时，抗扭纵筋配筋面积各一半加到面筋和底筋，否则各1/3加到面筋、底筋和腰筋；

12．梁配筋率大于多少警告超筋：所有面筋或底筋大于设定值的梁都给予警告。

程序根据计算结果、选筋控制参数，按照规范的构造要求进行优化布筋。

1．梁底筋：

(1) 本梁跨最大配筋面积+抗扭纵筋（Ast 的1/3 或1/2）；

(2) 框架梁满足：

底筋和面筋面积最小比例　　　　　　　　　表 13-3

抗 震 等 级	底 筋 面 积
1	≥0.5 负筋面积
2	≥0.5 负筋面积
3	≥0.3 负筋面积
4	≥0.3 负筋面积

(3) 纵筋净距大于等于 25mm 和 d（钢筋最大直径）；

(4) 悬臂梁底筋的根数和直径（根据跨长和梁宽来定）按构造处理，大于1/4 负筋面积；

(5) 框架梁一、二级抗震等级钢筋直径≥14mm；

三、四级抗震等级钢筋直径≥12mm；

(6) 悬臂梁梁下端跨中弯起筋：

跨长≥2000mm 时，加两条弯起筋，左右伸出长度：梁高-50mm；

弯起筋最小直径　　　　　　　　　表 13-4

跨长（mm）	钢筋直径（mm）
2000	18
≤2500	20
≤3000	22
其他	25

(7) 梁的裂缝≤0.3 mm，基础梁和天面梁≤0.2 mm。当不满足要求时，增加钢筋10%，重新验算，如此循环，直到满足要求，此项功能有开关设置；

(8) 梁的挠度

梁 最 大 挠 度　　　　　　　　　表 13-5

梁净跨长度	非悬臂梁挠度	悬臂梁挠度
$L_0<7m$	$L_0/200$	$L_0/100$
$7\leqslant L_0\leqslant 9m$	$L_0/250$	$L_0/125$
$L_0>9m$	$L_0/300$	$L_0/150$

当不满足要求时，增加钢筋 10%，重新验算，如此循环，直到满足要求，此项功能有开关设置。

2．框架梁的负筋：

(1) 采用贯通筋时：$b\leqslant 180$　　全部负筋贯通，

　　　　　　　　　　$b\leqslant 300$　　贯通筋$\geqslant 1/3$ 负筋，

　　　　　　　　　　$b>300$　　贯通筋$\geqslant 1/4$ 负筋；

(2) 不贯通时：架立筋面积$\geqslant 1/4$ 负筋，直筋$\geqslant 14$；

(3) 当梁宽为 350mm 时：可以采用贯通筋 + 2D14（跨长＜4000）或 2D16（跨长$\geqslant$4000）；

(4) 纵筋净距大于等于 30mm 和 $1.5d$（钢筋最大直径）；

(5) 同一截面纵筋受力筋级差最大两级；

(6) 框架梁的锚固长度：按 50 取模；

$$l_a = \alpha \frac{f_y}{f_t} d \tag{13-12}$$

式中　Ⅱ、Ⅲ级钢 $\alpha=0.14$ 当直径大于 25mm 时，还应乘以系数 1.1；

　　　一二级抗震等级：$l_{aE}=1.15l_a$；

　　　三级抗震等级：$l_{aE}=1.05l_a$；

　　　四级抗震等级：$l_{aE}=l_a$。

屋面框架梁的锚固长度：X 倍钢筋直径 + 屋面梁梁高 + 柱宽，最后按 50 取模；

(7) 支座负筋第一排伸出 1/3 跨长，第二排伸出 1/4 跨长。

3．框架梁箍筋：

(1) 框架梁最小加密箍筋

框架梁加密区箍筋最小直径和最大间距　　　　　　表 13-6

抗震等级	最小直径	最大间距（取最小值）
一	10mm	$H/4$，$6d$，100mm
二	8mm	$H/4$，$8d$，100mm
三	8mm	$h/4$，$8d$，150mm
四	6mm	$h/4$，$8d$，150mm

(2) 箍筋直径 d 满足：

$$d \geqslant 2\sqrt{\frac{Av \cdot \mathrm{int}\, er}{n \cdot \pi}} \tag{13-13}$$

式中　Av——1m 范围内抗剪与抗扭箍筋总面积；

　　　$\mathrm{int}\, er$——箍筋间距；

　　　n——箍筋肢数；

(3) 加密箍筋，当底筋或负筋配筋率≥2.0%时，最小箍筋直径；

箍筋最小直径控制　　　　　　　　　　　　　　　　　　　　　　表 13-7

抗 震 等 级	直 径
一	12
二	10
三	10
四	8

(4) 加密区范围：

2×梁高，500mm　　　一级抗震；

1.5×梁高，500mm　　　二、三、四级抗震；

(5) 跨中箍筋：直径与端部相同，分别按 200mm，150mm 间距验算跨中计算配箍面积（不满足取 100mm），求出跨中箍筋间距，抗震下箍筋间距不大于 $h/2$、b；

(6) 沿梁全长箍筋的最小面积配筋率：

$$\rho_{sv} \geq 0.02 \frac{f_c}{f_{yv}}，非抗震 \qquad (13-14)$$

$$\rho_{sv} \geq 0.035 \frac{f_c}{f_{yv}}，一级抗震 \qquad (13-15)$$

$$\rho_{sv} \geq 0.030 \frac{f_c}{f_{yv}}，二级抗震 \qquad (13-16)$$

$$\rho_{sv} \geq 0.025 \frac{f_c}{f_{yv}}，三四级抗震 \qquad (13-17)$$

4．集中重处密箍与吊筋

(1) 密箍直径与梁箍筋直径相同；

(2) 集中力附加钢筋按下表取值；

吊筋、密箍和对应的承载力　　　　　　　　　　　　　　　　　表 13-8

箍筋直径 ϕ		共同承载力 / 吊筋承载力	吊 筋 直 径						
			12	14	16	18	20	22	25
		箍筋承载力	99.2	135	176	223	275	333	430
箍筋直径 ϕ	6	双肢 71.3	175.5	206.3	247.3	294.3	346.3	404.3	801.3
		四肢 142	241.2	277	318	365	417	475	572
	8	双肢 127	226.2	262	303	350	402	460	557
		四肢 253	352.2	388	429	476	528	586	683
	10	双肢 198	297.2	333	374	421	473	531	628
		四肢 395	494.2	530	571	618	670	728	825
	12	双肢 285	394.2	430	471	518	570	628	725
		四肢 570	669.2	705	746	793	845	903	1000

说明：吊筋为Ⅱ级钢筋，45°弯曲，成对配置；

密箍为Ⅰ级钢筋，分双肢和四肢，每侧各三个，每侧最多三个（50mm 的基本箍不计在内），共同承载力为吊筋和密箍承载力之和，密箍四肢承载力为双肢的两倍，六肢承载力为双肢的三倍，密箍的肢数与梁箍筋的肢数相同，密箍的强度采用总体信息中指定的强度。

5. 梁腰筋

(1) 按设定梁高加腰筋,屋面梁梁高≥600 加腰筋;

(2) 梁宽≤400,最小腰筋 2D12;

梁宽>400,最小腰筋 2D14;

(3) 梁长<6m,最小腰筋 2D12;

6m≤梁长<10m,最小腰筋 2D14;

梁长≥10m,最小腰筋 2D16;

(4) 腰筋面积大于(1/3 或 1/2)抗扭纵筋面积,腰筋可分两排布置;

(5) 梁腹板高度(梁高减去板厚)≥450mm 加腰筋,每侧腰筋面积≥0.1%×梁宽×梁腹板高度,间距不宜大于 200mm。

6. 梁拉筋

当有腰筋时,b≤350,直径=6,350<b≤600,直径=8。

7. 次梁负筋

(1) 按连续次梁计算,首先满足计算负筋面积,且负筋大于 1/2 底筋+(1/3 或 1/2)抗扭纵筋;

(2) 用空间分析计算时,满足计算负筋+(1/3 或 1/2)抗扭纵筋要求;

(3) 次梁锚固长度:同框架梁;

(4) 支座负筋第一排伸出 1/3 跨长,第二排伸出 1/4 跨长。

8. 次梁箍筋:

(1) 剪力验算公式:$1.25 f_{yv}/200 (h-0.35) n\pi dd/4 + 0.7 f_t b (h-0.35) > V$

式中 b, h 为梁宽、高,n 为肢数,f_{yv} 箍筋抗拉强度设计值;

(2) 配箍面积验算公式:$n\pi dd/4 > Av \text{inter}/100$

式中 inter 为箍筋间距;

(3) 全长不加密。

13.6.2 柱选筋

软件提供的由用户控制的柱选筋控制参数见图 13-10。

1. 调整系数:

柱配筋面积调整系数,柱纵向钢筋面积放大系数;

最小体积配箍率调整系数,柱箍筋面积放大系数;

2. 中边柱最小配筋率:按抗震等级设定,不小于规范规定;

3. 角柱和框支柱最小配筋率:按抗震等级设定,不小于规范规定;

4. 录入系统中第一层柱加长多少米:指首层柱底端和结构下端距离,为正值。当首层柱加长计算时,首层柱柱高和平面图建筑标高自动扣减;

5. 柱箍筋直径大于多少毫米时使用二级钢:柱箍筋使用二级钢的最小直径;

6. 柱箍筋最小直径;

7. 柱配筋率大于多少警告超筋:所有配筋率大于设定值的柱都给予警告;

8. 矩形、圆形柱轴压比限值:所有轴压比大于设定值的柱都给予警告;

9. 异形柱轴压比限值:所有轴压比大于设定值的异形柱都给予警告。

1. 矩形柱纵筋间距

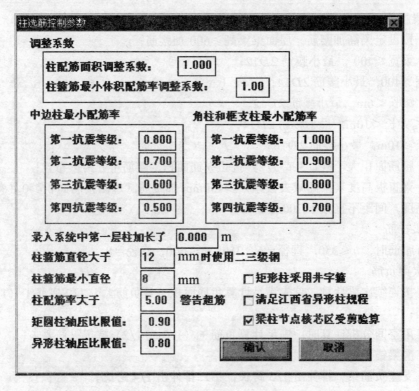

图 13-10

(1) 三、四级抗震等级和非抗震,最大间距 250mm;

(2) 其他情况,最大间距 200mm;

(3) 最小纵筋净间距 50mm;

2. 角柱、中边柱

满足用户指定最小配筋率要求;

3. 同一截面所有纵筋级差小于 2;

4. 最小体积配箍率控制应符合下列要求:

$$\rho_v \geqslant \lambda_v f_c / f_{yv} \tag{13-18}$$

式中　ρ_v——柱配筋加密区的体积配箍率,一级不应小于 0.8%,二级不应小于 0.6%,三、四级不应小于 0.4%;计算复合箍的体积配箍率时,应扣除重叠部分的箍筋体积;

　　　f_c——混凝土轴心抗压强度设计值;强度等级低于 C35 时应按 C35 计算;

　　　f_{yv}——箍筋或拉筋抗拉强度设计值,超过 360N/mm² 时,应取 360N/mm² 计算;

　　　λ_v——最小配箍率特征值,宜按表 13-9 采用。

5. 柱箍筋满足以下情况之一全程加密

(1) 柱净高与柱截面宽(或高)之比小于等于 4(异形柱取最大肢长为截面宽度);

(2) 一级和二级抗震等级的角柱;

(3) 层数大于 7 层的角柱;

(4) 剪跨比不大于 2 的柱;

最小配筋率特征值 表 13-9

抗震等级	箍筋形式	柱轴压比							
		≤0.3	0.4	0.5	0.6	0.7	0.8	0.9	1.0	1.05
一	复合箍	0.10	0.11	0.13	0.15	0.17	0.20	0.23		
二	普通箍、复合箍	0.08	0.09	0.11	0.13	0.15	0.17	0.19	0.22	0.24
三	普通箍、复合箍	0.06	0.07	0.09	0.11	0.13	0.15	0.17	0.20	0.22

(5) 框支柱。

6. 柱箍筋加密区箍筋间距和直径的要求

(1) 引入"柱根"概念，三、四级抗震底层柱箍筋加密区最大间距 100mm，四级抗震底层柱箍筋最小直径 8mm；

(2) 二级框架柱的箍筋直径不小于 10mm 且箍筋肢距不大于 200mm 时，除柱根外最大间距应允许采用 150mm；三级框架柱的截面尺寸不大于 400mm 时，箍筋最小直径应允许采用 6mm；四级框架柱剪跨比不大于 2 时，箍筋直径不应小于 8mm；

(3) 框支柱和剪跨比不大于 2 的柱，箍筋间距不应大于 100mm。

13.6.3 剪力墙选筋

h——墙肢长度；

b——墙肢厚度；

S_h——竖向分布筋间距；

S_v——横向分布筋间距；

A_{sv}——竖向分布筋面积；

A_{sh}——横向分布筋面积；

A_c——暗柱区面积；

A_s——暗柱区纵筋面积。

1. 单肢墙，$h>4b$ 时，按墙配筋，否则按柱配筋；
2. 暗柱区内纵向钢筋直径取相同，水平和竖向分布筋直径取相同；
3. 水平、竖向分布筋：

(1) 配筋率；

$$\rho_{\mathrm{sh}} = \frac{A_{sh}}{b \cdot S_v}, \rho_{\mathrm{sv}} = \frac{A_{sv}}{b \cdot S_h} \tag{13-19}$$

(2) 非抗震设计；

$$\rho_{sh} \geqslant 0.002, \quad \rho_{sv} \geqslant 0.002$$
分布筋钢筋直径 $d \geqslant 8\mathrm{mm}$
$S_v、S_h \leqslant 300\mathrm{mm}$

(3) 抗震设计；

$\rho_{sh} \geqslant 0.0025$, $\rho_{sv} \geqslant 0.0025$

分布筋钢筋直径 $d \geqslant 8$mm

S_v、$S_h \leqslant 300$mm

(4) 分布筋双排布置，采用拉筋连系；

拉筋直径 $d \geqslant 6$mm

拉筋间距 $\leqslant 600$mm

4. 暗柱、端柱构造要求：

(1) 一级抗震：$A_s \geqslant \max(0.01A_c, 6D16)$，箍筋 $d \geqslant 8$mm，$inter \leqslant 100$mm；

(2) 二级抗震：$A_s \geqslant \max(0.008A_c, 6D14)$，箍筋 $d \geqslant 8$mm，$inter \leqslant 150$mm；

(3) 三级抗震：$A_s \geqslant \max(0.005A_c, 4D12)$，箍筋 $d \geqslant 6$mm，$inter \leqslant 150$mm；

(4) 四级抗震、非抗震：$A_s \geqslant \max(0.005A_c, 4D12)$，箍筋 $d \geqslant 6$mm，$inter \leqslant 200$mm；

(5) 端柱按柱构造要求。

5. 剪力墙小墙肢（$h/b < 3$，且肢长 $\leqslant 2$m）暗柱构造：

抗震：$A_s \geqslant 0.012A_c$，箍筋 $d \geqslant 8$mm，$inter \leqslant 100$mm；

非抗震：$A_s \geqslant 0.008A_c$，箍筋 $d \geqslant 8$mm，$inter \leqslant 150$mm。

6. 暗柱区范围

(1) 上下层暗柱区一般取一样，若墙厚有变化，暗柱区长度仍取相同；

(2) 暗柱区中，沿墙肢厚度短边，钢筋根数控制：

$b \leqslant 200$，$n_1 = 2$，$n_2 = 3$

$b \leqslant 400$，$n_1 = 3$，$n_2 = 5$

$b > 400$，$n_1 = 4$，$n_2 = b/100 + 1$

沿墙肢肢长边，钢筋根数控制：

$n_1 = h/200 + 1$

$n_2 = h/100 + 1$

n_1——最小钢筋根数；

n_2——最多钢筋根数。

(3) 当两暗柱区之间距离相差 $2b$ 以内，将两暗柱区合并为一个暗柱区；

(4) 暗柱区范围图 13-11 示：

上图阴影部分为暗柱区 A_c，T形、十形的配筋范围内纵筋直径与暗柱区内相同。

注意：对上述 L、T 形暗柱区，若暗柱区配筋面积可在各肢相交的矩形区内合理布置，则缩小暗柱区范围。计算配筋面积所用暗柱区范围不变；

(5) 暗柱区钢筋放不下（不能合理布置），可扩大暗柱区范围。但从上下层暗柱区对应关系来说，取固定范围为好；

(6) 广厦生成的暗柱区范围满足构造边缘构件的要求，对须设置约束边缘构件情况，需工程师自己处理。

7. 控制参数

剪力墙暗柱区钢筋最小直径，缺省 16；

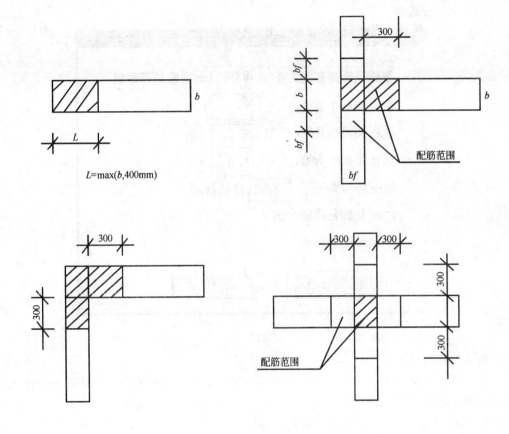

图 13-11

剪力墙暗柱区箍筋最小直径，缺省 8；
剪力墙暗柱区最小配筋率：
抗震等级一级，缺省 1.0
二级，缺省 0.8
三级，缺省 0.5
四级，缺省 0.5
非抗震，缺省 0.5
剪力墙分布钢筋最小直径，缺省 8；
剪力墙分布钢筋最小配筋率，缺省 0.25。

8．一、二级抗震墙底部加强部位及相邻的上一层按建筑抗震设计规范 6.4.7 要求设置约束边缘构件，其他部位构造边缘构件，若与规范不符，工程师手工修改。
抗震墙底部加强部位满足如下条件：
（a）楼层总高度的 1/8 和底部二层两者较大值，且不大于 15m；
（b）有地下室时向下延伸地下一层；
（c）有大底盘裙房时，塔楼范围外裙房部分按裙房总高度的 1/8 和底部二层两者较大值，且不大于 15m，塔楼范围内裙房部分和高出裙房一层都为加强部位。

13.6.4 板选筋

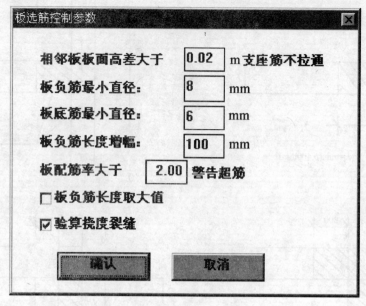

图 13-12

板选筋控制参数：

1．相邻板板面高差大于多少米支座筋不拉通：高差大于设定值，则楼面施工图上板支座筋断开绘制；

2．板负筋最小直径：板支座钢筋最小直径；

3．板底筋最小直径；

4．板负筋长度增幅：一般选择100mm或200mm，板负筋最小长度为600mm，在此基础上按增幅值增加；

5．板配筋率大于多少警告超筋：所有配筋率大于设定值的板都给予警告；

6．板负筋长度取大值：选择该项，则板支座筋长度不按左右两板分别标注，而是左右两板钢筋长度取相同，且为大值；

7．在验算板的挠度裂缝时，先计算板的弹性挠度，再按一米宽的板带同梁的计算方法一样来验算，最后两个方向取最小值，由于板弯矩计算采用的查表法，边界条件只有简支、固支和自由，所以板的挠度裂缝验算方法结果比较粗糙，CAD只提供设计参考，若偏大，可关闭此开关。

钢筋的选择方法如下：

1．支座筋

若板边无相邻板，伸出长度＝净短跨长的1/4＋支座宽，且大于等于600mm；

若板边有相邻板，伸出长度＝净短跨长的1/4＋支座宽的1/2，且大于等于600mm；

若1.4活载/1.2恒载≥3时，取净短跨长的1/3。

2．负筋贯通

（1）相邻板跨度相差一倍以上，跨度小的板负筋贯通；

（2）板厚大于等于180mm时，取不小于$d8@200$负筋贯通，支座处加短筋补足。

3. 钢筋间距

取 100mm，120mm，150mm，180mm，200mm 五种。

4. 钢筋可使用Ⅰ、Ⅱ、Ⅲ级钢筋或冷轧带肋钢筋。

5. 板钢筋最小配筋率为 max $(0.2, 45 f_t/f_y)$。

6. 板边支座钢筋面积不宜小于板跨中相应方向底筋面积的 1/3。

附录 录入系统数据检查错误信息表

错误码后有一个 * 号的为警告性错误，工程师可根据具体情况判断是否必须改正，没有 * 号的是必须改正的错误。

错误码　　**说明**

1 *　　板 X 有自由边界不能按双向和面积导荷
　　　　若用双向和面积导荷，则导到虚梁（自由边界）上的荷载将遗漏，最好采用周长分配法。

2　　主梁 X 端点无墙柱内点相连
　　　　主梁两端必须输入墙柱。

3　　砖墙 X 无剪力墙柱内点相连
　　　　X 号砖墙两端必须输入虚柱、构造柱或剪力墙。

4　　主梁 X 两端搭在同一节点
　　　　X 号主梁两端必须与两不同节点相连。

5　　砖墙 X 两端与同一节点相连
　　　　X 号砖墙两端必须与两不同节点相连。

6 *　　剪力墙 X 肢数大于 19
　　　　当空间分析采用 TBSA 时，剪力墙肢数不能超过 19，当采用 SS 或 SSW 时肢数不能超过 29，当肢数超限时，采用"连梁开洞"功能把此墙分为两堵剪力墙。

7 *　　剪力墙 X 非树状连接（封闭）
　　　　空间分析采用 SS、TBSA 和 TAT 时，剪力墙必须开口，采用"连梁开洞"把封闭剪力墙开口。空间分析采用 SSW 时，剪力墙可以封闭。

8 *　　剪力墙 X 内点 Y 与墙端距离太远
　　　　X 号剪力墙 Y 内点坐标与墙肢端坐标距离大于半墙宽，在"生成 SSW 计算数据"中剖分墙元时可能会出错，由移动墙肢距离超过半墙宽产生此情况，删除与此内点有关的剪力墙肢，重新输入。

9　　每一砖混平面须分为一个标准层
　　　　每一结构层的砖混抗震等验算结果都不同，而"楼板次梁砖混计算"中按标准层中计算，所以每一个砖混平面都要求划分为不同标准层，相同砖混平面请采用"当前标准层同哪一层"功能跨层拷贝。

10 *　　SS 空间分析时梁 1 不能为铰接
　　　　采用 SS 空间分析时 1 号梁边界条件不能为铰接，请取消铰接。

11　　TBSA 总体信息中振型数不应大于框架总层数

采用 TBSA 空间分析并考虑地震作用时，要求振型数小于等于框架总层数。

12　TAT 总体信息中振型数不应大于框架总层数

采用 TAT 空间分析并考虑地震作用时，要求振型数小于等于框架总层数。

13　虚柱 X 无构件水平相连

多余的虚柱，须删除。若此虚柱是"生成 SS/TBSA/TAT/SSW 计算数据"时梁上托墙柱找下节点自动产生，则删除此虚柱后，在托梁上输入一虚柱，再把输入的虚柱移到被删除虚柱的坐标附近，这样被托的墙柱找下节点时可找到此点。

14 *　剪力墙柱 X 无主梁水平相连

当此剪力墙柱每一结构层都出现此警告时，空间分析时由剪力墙柱和主梁形成的框架中，此剪力墙柱为不稳定构件，而只是某一结构层出现这警告是允许的。

15 *　混凝土墙柱 X 无构件水平相连

砖混平面中构造的混凝土墙柱无次梁和砖墙相连。

16　砖混平面中不应有主梁 X

砖混平面中所有的梁都应作为次梁输入，将来按连续次梁来计算，也有可能工程师认为当前标准层为框架平面，而划分标准层时错划分为砖混平面，也会产生此警告，请检查标准层划分。

17　框架平面中不应有砖墙

框架平面中的填充砖墙都作为荷载输入，在底框结构平面中若采用砖墙作为抗震墙，必须按混凝土剪力墙输入，工程另外根据广厦楼板次梁砖混计算中的总剪力来手工计算抗震墙的数目；也有可能工程师认为当前标准层为砖混平面，而划分标准层时错划分为框架平面，也会产生此警告，请检查标准层划分。

18 *　梁 X 跨长小于 Y

X 号梁梁长比较小，由工程师判定是否输入有误。

19 *　剪力墙 X 与梁 Y 可能相交

必须先输剪力墙，再输入梁。梁墙相交不分段，可能会影响板的自动生成，把梁删除，重新输入。

20 *　剪力墙 X 与砖墙 Y 可能相交

必须先输入剪力墙，再输入砖墙，剪力墙和砖墙相交不分段，可能会影响板的自动生成，把砖墙删除，重新输入。

21 *　梁（砖墙）X 与梁（砖墙）Y 相交

相交不分段，可能会影响板的自动生成，删除梁（砖墙），重新输入。

22 *　剪力墙 X 和剪力墙 Y 相交

两剪力墙墙肢相交，输入方法是：输入一段剪力墙墙肢后，另一剪力墙墙肢须分两段输入，在它们相交点处断开。

23 *	梁 X 与剪力墙 Y 重叠
	删除梁，重新输入。
24 *	砖墙 X 与剪力墙 Y 重叠
	删除砖墙，重新输入。
25 *	柱 X 与柱 Y 可能重叠
26 *	剪力墙 X 第 Y 肢与剪力墙 Z 可能重叠
27	次梁 X 悬空

悬臂次梁端点悬空，则可输入一虚柱，如下情况三条次梁级别一样，导荷次序从 L1 到 L2 或 L3 到 L2 时，L2 荷载无处可导，会出现此警告，可简化成一条次梁进行计算。（图附-1）

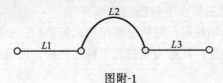

图附-1

28　次梁 X 搭在同一节点
　　删除此次梁，次梁两端必须同不同节点相连。

29　剪力墙、梁或砖墙 X 穿过其他节点
　　删除重新输入

30　次梁 X 搭在虚梁上
　　不允许非虚梁的次梁搭在虚梁上。

31 *　第 X 标准层未生成楼板
　　提示楼板是否忘记输入。若地梁层作为无板平面层输入时，可不处理此警告。

32　第 X 标准层柱链为空
　　没有输入剪力墙柱。

33　第 X 标准层梁链为空
　　一个标准层必须有梁或砖墙。

34　第 X 标准层第 Y 号板无荷载
　　板上必须输入板荷载。

35　第 X 标准层第 Y 号梁两端悬空
　　如下图三条次梁级别一样，请简化成一条次梁。

36 *　第 X 标准层第 Y 号梁为虚梁
　　提醒有无输错梁宽为零。

37 *　第 X 结构层第 Y 号柱，TBSA 没有异形柱
　　提醒 TBSA 没有异形柱配筋计算，只是按等刚度计算内力。

38　第 X 标准层第 Y 斜柱是跨层柱
　　斜柱找不到下节点，检查下面有无柱支托。

39　第 X 标准层第 Y 柱下端无节点
　　柱下端无节点对应，检查前层有无节点对应。

| 40 | 第 X 标准层第 Y 斜柱下层层号错 |

按设定的下层号,则下层层高大于等于斜柱上层层高。

41	第 X 标准层第 Y 斜柱下端无节点
42	第 X 标准层第 Y 柱是跨层柱
43 *	第 X 标准层第 Y 柱下端在 0 层

在错层结构中,有些柱下端在第 0 层上。

| 44 | 第 X 标准层第 Y 斜柱上端无节点 |
| 45 | 第 X 标准层第 Y 砖墙下端无支撑 |

所支撑构件的中心线应在 Y 砖墙范围内。

混合结构平面中(除混合结构平面顶层外)梁托砖墙时,梁简化为主次梁布置,若直接布置砖墙在"生成砖混数据"时会警告"砖墙下端无支撑",混合结构内部形成复杂的框支结构类型,此时应进行进一步的模型简化,有三种处理:1. 把砖墙所在的结构平面简化为纯砖混平面;2. 把一个结构分成上下两个结构类型处理,根据上一结构计算结果,作为梁柱荷载布置在下一结构顶层,以解决上下传力问题;3. 把砖墙简化为荷载。

46	悬臂梁 X 不能指定铰接
47	板 X 周边不能都为虚梁
48	砖墙 X 洞口位置在墙外
49	砖墙 X 洞口长度大于等于墙的长度
50	次梁 X 梁高大于所搭接梁的梁高
51	混合结构中主梁端须布置矩形柱

次梁可直接搭在砖墙上,主梁直接搭在砖墙上,此梁和所搭砖墙的计算将不准确。

| 52 * | SS 空间分析时梁 1 地震内力不能增大 |

采用 SS 空间分析时 1 号梁地震内力不能增大,请采用"主菜单—平面图形编辑—梁编辑—按钮窗口—修改梁—内力增大"把 1 号梁设置为 1.0。

| 53 | 砖混结构总层数不能超过 10 层 |

纯砖混、底框和砖混凝土混合结构中广厦结构 CAD 内定不能超过 10 层,超过部分请作相应的模型简化。

| 54 * | 梁高大于层高 |

提示梁高大于当前标准层中所有结构层的最小层高。

深圳市广厦软件有限公司简介

公司简介：

本公司成立于1996年，是专业从事建筑结构计算机辅助设计系统开发和销售的高新技术企业，在全国20多个省市和自治区拥有良好的合作伙伴，已成为全国第二大的建筑结构CAD研发和服务中心。以设计院背景研发的广厦建筑结构CAD具有技术先进可靠、实用性强和易学易用出图快的特点，先后荣获：

1999年建设部科技成果重点推广项目

2000年建设部科技成果推广转化指南项目

第五届工程设计优秀软件银奖

1999年度广东省建设系统科技进步奖一等奖

1999年度广东省科技进步奖二等奖。

联系人：吴文勇

电话：0755－3257169，3246613

传真：0755－3347990

地址：深圳市上步中路六号信托工贸大楼中座二层 邮编：518028

电子邮件：gscad@public.szptt.net.cn

网站地址：www.gscad.com.cn 或 www.gscad.net.cn

产 品 简 介

广厦钢筋混凝土结构CAD是一个面向民用建筑的多高层结构CAD，在容柏生院士的指导下由广东省建筑设计研究院和深圳市广厦科技有限公司联合开发，于1996年12月18日通过专家鉴定，可完成从建模、计算和施工图自动生成及处理的一体化设计，其中结构计算部分包括**空间薄臂杆系计算SS**和**空间墙元杆系计算SSW** 广厦CAD是设计院开发的结构CAD的杰出代表，被全国3000多家设计单位正式采用。

广厦钢结构CAD结合了马鞍山钢铁设计研究院几十年钢结构设计和施工的经验，是目前惟一一个由设计院开发的钢结构CAD，是钢结构设计院开发CAD的代表，从实际应用出发，解决从建模、计算到施工图、加工图和材料表的整个设计过程，帮助设计院尽快进入钢结构设计市场。广厦钢结构分：工厂钢结构CAD（门式刚架、平面桁架和吊车梁CAD）和网架网壳钢结构CAD两大部分。钢结构CAD以Autocad14为图形平台，运行于Windows95/98。

广厦SSW动力时程分析程序SDY的主要功能就是选择输入地震波对结构进行动力分析，得到结构在输入波作用下的层反应位移、速度、加速度、地震力等，并与CQC法结果进行比较。SDY 是直接读取广厦录入系统和 SSW 计算程序相关数据，用户只需提供少量控制参数即可进行计算，操作简便、分析效率高。其输出结果有图形和文本两种方式，表达清晰，直观。

广厦平面应力分析程序 PPLOT 可对转换大梁进行精确分析。Pplot 程序的主要功能是对深受弯构件如深梁及相关构件框支柱、剪力墙自动剖分成平面单元，并读取各工况下的荷载，每个工况分别计算，再进行内力组合，得到组合前的内力、位移、应力图和组合后的内力、配筋图。Pplot 程序可直接在楼面图上选取构件生成立面，自动读取空间分析中各工况下的计算内力作为荷载。操作简便直观，分析快速且准确。

广厦打图管理系统 V4.0 可以进行单机和网络打图管理，网络支持 NOVELL 和 WINDOWS NT 两种网络系统，同时可进行 10 台绘图仪的管理，动态监测绘图仪的运行情况，计算设计人员或项目的出图成本，打印统计报表，加强设计院打图管理和进行成本核算的工作。

广厦结构施工图设计实用图集与广厦 CAD 配套使用，该图集由广东省建筑设计研究院投入大量人力精心绘制，内含 70 张标准图，可减少设计图纸工作量 30% 以上，并减少设计错误，提高设计质量。该图集光盘版向用户提供标准图的 DWG 格式文件，使用户在 Autocad 下可任意修改、拼接、绘制新图。

广厦设计网站专业服务广厦用户，可提供 CAD 网上租用和服务，每个工程师可成为广厦俱乐部会员，少至几十元可做一个工程，人人可以拥有正版的 CAD 软件。